KB008051

김밥 | 주먹밥 | 유부초밥

Prologue

맛있는 김밥, 주먹밥, 유부초밥으로 행복한 순간을 만들어보세요

날이 따뜻해지고 옷차림이 가벼워지면 발걸음이 저절로 밖으로 향합니다. 가족이나 친구, 연인과 나선 나들이나 산책에 맛있는 도시락이 빠질 수 없어요.

'도시락' 하면 어릴 때 소풍 가는 날 엄마가 싸준 도시락이 떠오릅니다. 친구들과 나눠 먹으면 그렇게 맛있던 김밥, 주먹밥, 유부초밥… 소중한 이들과 함께하는 시간을 특별하게 만들어줄 맛있는 도시락 레시피를 준비했습니다. 어릴 적 즐겨 먹던 추억의 메뉴들도 좋지만, 색다르고 건강한 메뉴들로 골라 다채롭게 담았습니다. 이 책이 여러분의 행복한 순간에 함께하면 좋겠습니다.

지난 20년이 넘는 시간 동안 한복선식문화연구원에서 수많은 요리 연구와 레시피 개발을 했습니다. 많은 프로젝트에 참여하면서 보람이 있었지만, 한복선 선생님의 요리책 작업이 요리 인생의 동기부여로 작용했습니다. 그동안 현장에서 배우고 쌓아온 노하우를 이 책에 가득 담았습니다. 누구나 쉽고 맛있게 그리고 재미있게 요리할 수 있도록 노력해온 저의 경험이 여러분들에게도 닿기를 바랍니다.

이 책에는 언제나 간편하게 즐길 수 있도록 쉽게 구할 수 있는 재료들로 만드는 김밥, 주먹밥, 유부초밥 메뉴들을 담았어요. 칼로리를 낮춰 다이어트에 도움이 되는 달걀 키

토 김밥부터 생채소 가득한 김밥에 소스를 찍어 먹는 고추냉이 김밥까지. 전국에 인기 있는 김밥 맛집과 SNS에서 유행했던 김밥 레시피를 연구해 저만의 노하우를 담아 소개합니다. 평소 좋아하는 재료를 넣고 뭉치면 완성되는 주먹밥 레시피로는 기본 삼각김밥 메뉴는 물론 취나물 주먹밥, 쌈밥, 봉구스 밥버거까지 담아 활용도를 높였습니다. 유부초밥 역시 집에 있는 재료로 쉽게 만드는 레시피로 준비했어요. 아이들에게 인기 있는 치킨마요 유부초밥이나 직장인들 한 끼 식사로도 좋은 영양 듬뿍 연어 포케 유부초밥도 있어 한 권으로 가족들의 맛있는 한 끼를 만들 수 있답니다. 요리 초보도 레시피를 따라 하면 맛있는 도시락을 만들 수 있도록 구성했으니 많은 분들이 이 책을 활용해주셨으면 좋겠습니다.

22년 동안 훌륭한 가르침으로 음식에 대한 센스와 용기를 북돋워 주신 한복선 원장님과 격려를 아끼지 않은 가족들, 그리고 저의 첫 책이 나오기까지 도움을 주신 리스컴 출판사에 감사의 말씀을 전합니다.

지선아

Contents

part 1 김밥

part 2 주먹밥

part 3 유부초밥

basic

기초 테크닉 익히기

재료 준비부터 만들기, 예쁘게 모양내기, 응용 팁까지 김밥, 주먹밥, 유부초밥의 모든 것을 소개한다. 기본 요령과 재료 준비법을 익혀두면 어떤 레시피도 문제없다.

김밥의 기초

밥 짓기

밥이 잘 돼야 먹음직스럽고 김밥도 잘 말아진다. 김밥용 밥은 고슬고슬한 상태가 좋다. 쌀을 충분히 씻어서 불린 뒤 평소보다 밥물을 적게 잡아 밥을 짓는다.

1 2 4

1 **문질러 씻고 4~5회 헹군다** 손으로 비벼 씻고 물에 충분히 헹군다. 맑은 물이 나올 때까지 여러 번 헹구면 밥에 찰기가 생기고 윤기가 돈다. 4~5회 정도가 적당하다.

2 **체에 밭쳐 불린다** 체에 밭친 채로 30분 정도 불린다. 압력솥에 지을 때는 불리지 않아도 된다.

3 **물을 적게 붓고 밥을 짓는다** 마른 쌀은 1.2배, 불린 쌀은 같은 양의 물을 붓는다. 김밥이나 초밥용 밥은 이보다 1/3 정도 적게 붓는다.

4 **넓은 그릇에 퍼서 식힌다** 밥이 다 되면 넓은 그릇에 퍼 담고 주걱으로 풀어헤쳐 식힌다.

1인분 계량하기

불린 쌀 1컵이면 밥 1½공기가 나온다. 밥공기의 용량은 코렐 작은 밥공기를 기준으로 350mL. 생쌀과 불린 쌀, 밥의 비율은 생쌀 2/3컵≒불린 쌀 1컵≒밥 1½공기로 보면 된다.

밥 양념하기

김밥을 만들 때 밥에 배합초를 섞으면 맛도 좋고 밥이 쉽게 상하지 않는다. 비빔밥을 기본으로 한 김밥이나 불고기, 김치 김밥 등에는 고소한 양념이 어울린다.

1

2

1 **배합초를 만든다** 식초와 설탕을 2:1의 비율로 섞고 소금을 조금 넣어 배합초를 만든다. 전자레인지에 돌리면 식초 성분이 날아가기 쉬우니 주의한다. 끓는 물에 중탕해서 설탕을 녹인다.

2 **밥에 배합초를 섞는다** 따뜻한 밥에 배합초를 골고루 뿌려가면서 섞는다. 밥알이 으깨지지 않도록 주걱을 세워 조심스럽게 섞는다. 밥과 배합초의 비율은 250mL짜리 밥 1공기에 배합초 1/2큰술 정도가 적당하다.

참기름, 깨소금으로 고소하게 양념한다

입맛에 따라 초밥 대신 참기름, 깨소금을 섞어 고소한 양념밥을 준비한다. 밥 1공기에 참기름 1작은술 정도가 적당하다. 참기름을 너무 많이 넣으면 밥이 잘 뭉쳐지지 않으니 주의한다. 입맛에 따라 설탕을 조금 추가하기도 한다.

속재료 준비하기

단무지, 오이, 시금치, 당근부터 쇠고기, 햄, 맛살, 참치통조림, 장어에 이르기까지 다양한 것들이 김밥의 재료가 된다. 자주 들어가는 재료를 미리 준비해 쉽게 김밥을 만들 수 있다.

쇠고기볶음 준비하기

다진 쇠고기 100g, 쇠고기볶음 양념(간장 1큰술, 설탕·참기름·청주 1작은술씩, 소금·후춧가루·식용유 조금씩)

1 **다진 고기 준비하기** 쇠고기는 기름이 없는 불고기용으로 준비해 곱게 다진다.

2 **갖은 양념하기** 쇠고기에 간장, 참기름 등 갖은 양념을 넣고 여러 번 주물러 간이 배게 한다.

3 **볶기** 달군 팬에 기름을 두르고 양념한 고기를 넣어 물기 없이 포슬포슬하게 볶는다.

4 **식히기(헤쳐놓기)** 고루 볶아지면 접시에 옮겨 담아 넓게 펼쳐놓고 식힌다.

달걀지단 부치기

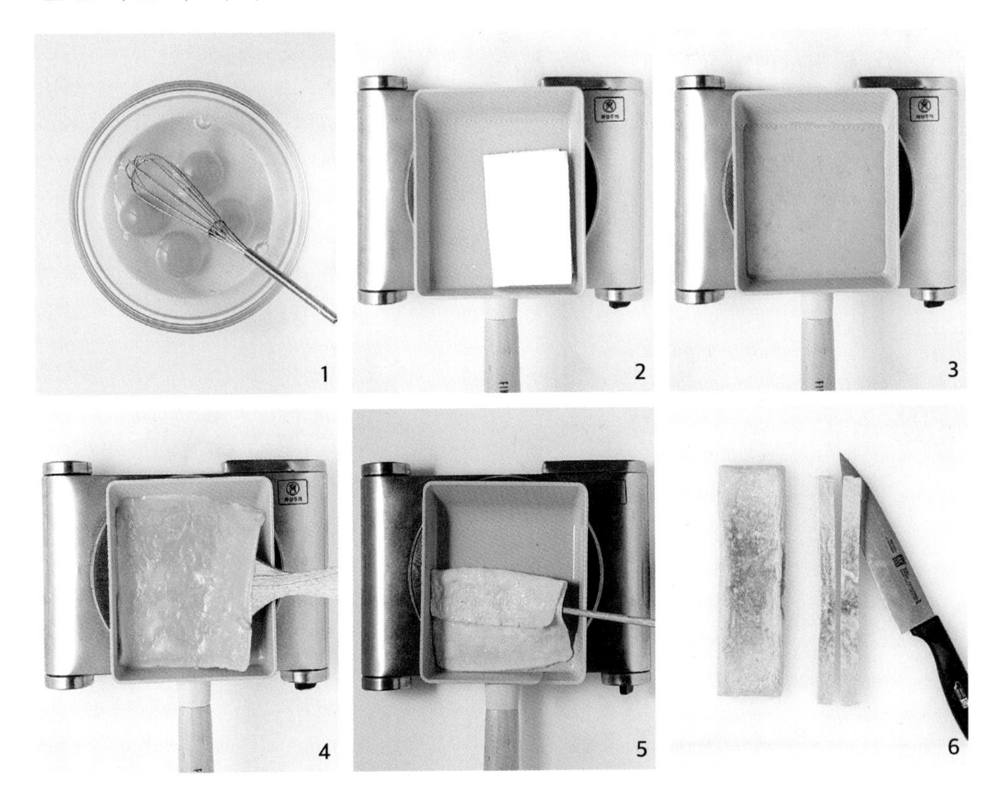

1 **달걀 풀기** 달걀을 풀어 거품기로 고루 젓는다. 체에 내려 알끈을 제거하면 지단이 매끈하게 된다.

2 **팬 달구고 기름 두르기** 팬을 충분히 달군 뒤 기름을 두르고 종이타월로 닦아낸다. 기름이 많으면 겉돌고 기포가 생기기 쉽다.

3 **달걀물 붓기** 불을 약하게 줄인 뒤, 달걀물을 붓고 달걀물이 고르게 퍼지도록 팬을 움직여준다.

4 **뒤집기** 윗면이 반쯤 익어 달걀물이 흐르지 않을 정도가 되면 뒤집개로 뒤집어 잠깐 더 익힌다.

5 **두툼하게 부치기** 두툼하게 부치려면 달걀말이를 하듯 원하는 두께만큼 접어가면서 부친다.

6 **길게 썰기** 한 김 식힌 뒤 1cm 폭으로 길게 썬다.

달걀이 가득 들어간 김밥을 만들려면

달걀이 많이 들어간 김밥을 원한다면 밥의 양을 반 정도로 줄이고 달걀지단을 채 썰어 가득 올려놓고 김밥을 만다. 달걀지단 채는 달걀지단을 얇게 부친 뒤 돌돌 말아 썰면 된다.

당근 볶기

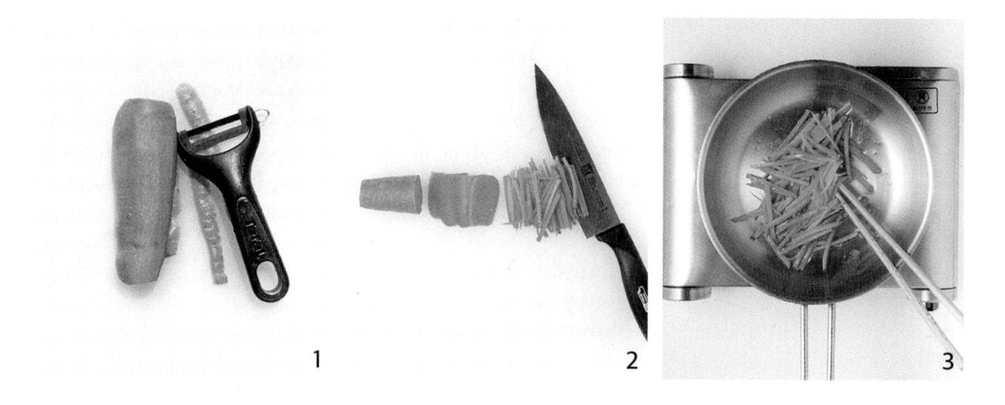

당근 1/2개(100g), 소금 조금, 식용유 적당량

1 **껍질 벗기기** 당근은 흙을 씻어내고 필러로 얇게 껍질을 벗긴다.

2 **썰기** 먼저 당근을 얇게 슬라이스 한 다음, 가지런히 겹쳐놓고 가늘게 채 썬다.

3 **기름에 볶기** 달군 팬에 식용유를 두르고 소금으로 간해 3~4분간 볶는다.

우엉 조리기

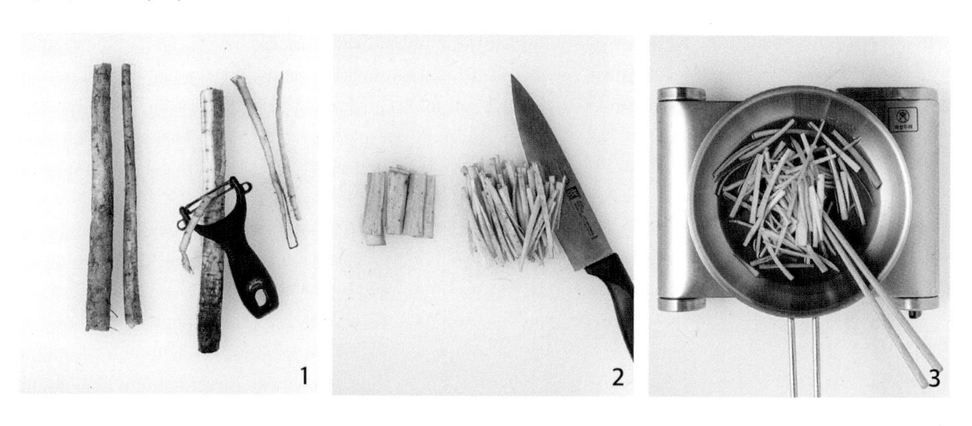

우엉 70g(중간 굵기 15cm), **조림장**(간장·설탕·청주 1큰술씩, 물 1/2컵)

1 **껍질 벗기기** 우엉은 흙을 씻어내고 필러로 껍질을 얇게 벗긴다.

2 **썰기** 5~6cm 길이로 토막 낸 뒤 가늘게 채 썬다. 길고 굵게 갈라서 사용하기도 한다.

3 **조리기** 조림장 재료를 넣고 끓이다가 우엉을 넣고 약한 불에서 간이 배도록 조린다.

단무지 준비하기

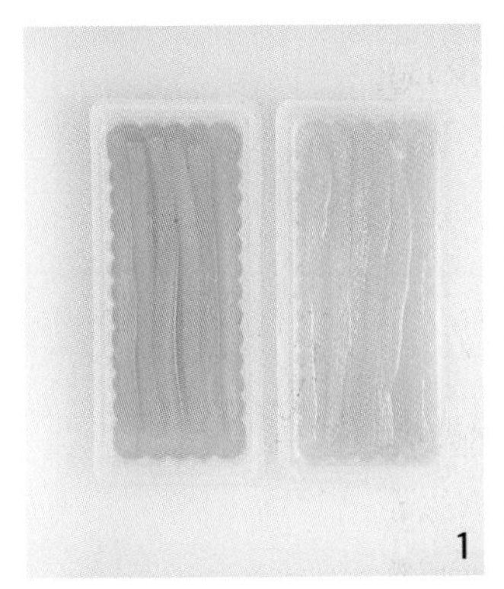

1 **단무지 준비하기** 김밥용 단무지를 준비한다. 노란 것과 흰 것이 있으니 용도에 따라 구입한다.

2 **물기 짜기** 단촛물에서 꺼내어 물기를 꼭 짠다. 1개씩 훑듯이 물기를 짜거나 함께 모아서 꾹꾹 눌러준다.

3 **용도에 맞게 썰기** 용도에 따라 슬라이스 단무지나 토막으로 된 단무지를 사용한다. 채 썰어서 꼬마김밥에 넣거나 잘게 다져서 주먹밥이나 유부초밥을 만들면 좋다.

오이 절이기

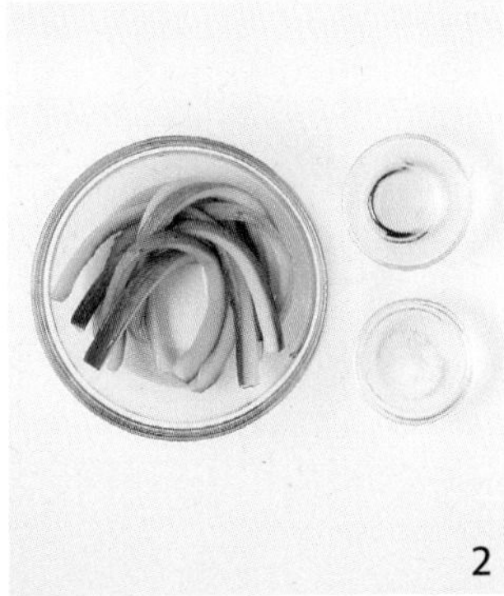

오이 1/2개, 단촛물(식초·설탕 1큰술씩, 소금 1/2작은술)

1 **썰기** 단무지와 비슷한 길이와 굵기로 길게 썬다. 속 씨 부분은 물러지기 쉬우니 사용하지 않는다.

2 **단촛물에 절이기** 식초, 설탕을 같은 비율로 배합하고 소금을 조금 넣어 10분간 절여서 물기를 짠다.

3 **채 썰어 사용하기** 신선한 맛을 위해 절이지 않고 채 썰어 사용하기도 한다. 깨끗이 씻어 토막 낸 뒤 돌려 깎아서 채 썬다.

시금치나물 무치기

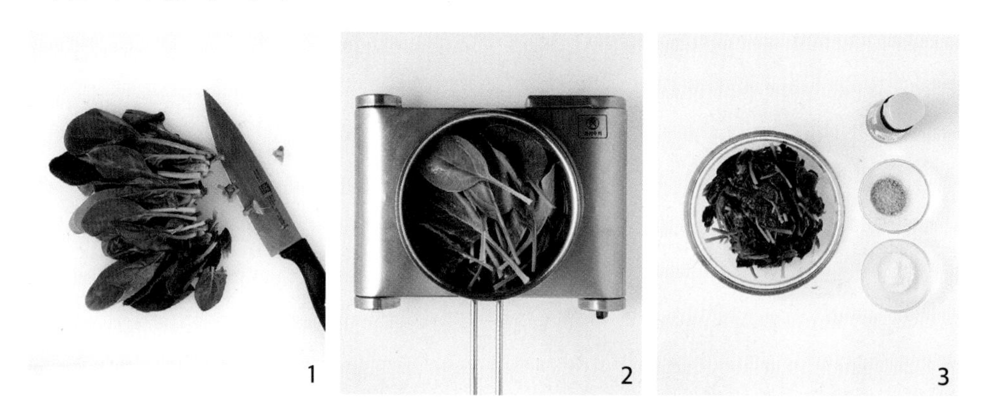

시금치 70g, 참기름 1작은술, 깨소금·소금 조금씩

1 다듬기 시금치는 밑동을 자르고 흐르는 물에 깨끗이 씻는다.

2 데치기 끓는 물에 밑동부터 넣어 데친다. 숨이 죽으면 바로 건져 찬물에 헹궈 물기를 꼭 짠다.

3 양념하기 소금, 참기름, 깨소금으로 양념해서 조물조물 무친다.

참치 준비하기

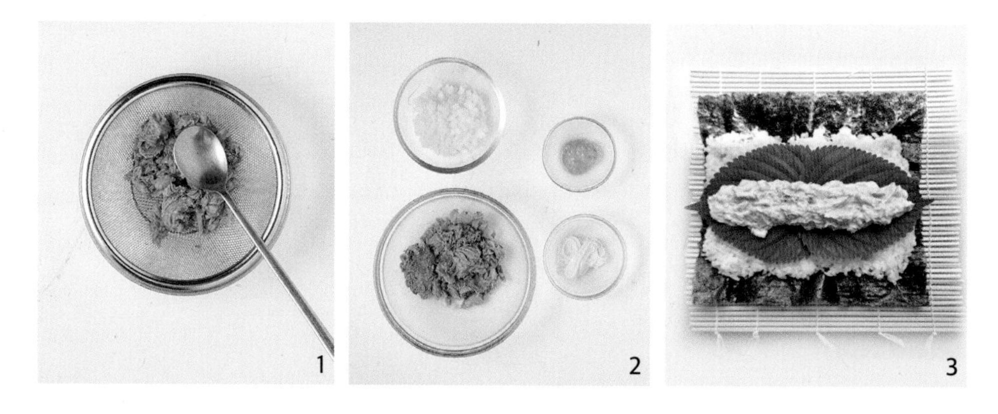

참치통조림 150g(1캔), **소스**(마요네즈 2큰술, 머스타드 소스 1/2큰술, 다진 양파 3큰술, 소금·후춧가루 조금씩)

1 참치 물기 짜기 참치통조림은 체에 밭쳐 국물을 빼낸다.

2 마요 소스에 버무리기 양파를 잘게 다져서 물기를 꼭 짠 뒤 참치와 나머지 재료를 넣고 버무린다.

3 깻잎 깔고 말기 참치 마요는 질척해서 모양이 흐트러지기 쉽다. 깻잎을 밑에 깔면 깔끔하다.

김밥 햄 볶기

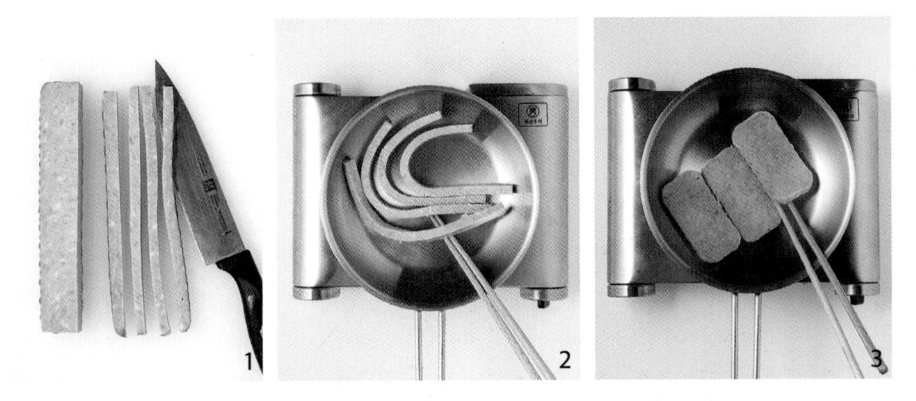

1 **햄 썰기** 김밥용 햄을 줄기대로 자른다.

2 **햄 볶기** 마른 팬에 자른 햄을 넣고 젓가락으로 저어가며 살짝 굽는다.

3 **스팸 굽기** 용도에 따라 스팸을 사용하기도 한다. 슬라이스 해서 굽거나 굵고 가늘게 썰어서 사용한다.

어묵·맛살 준비하기

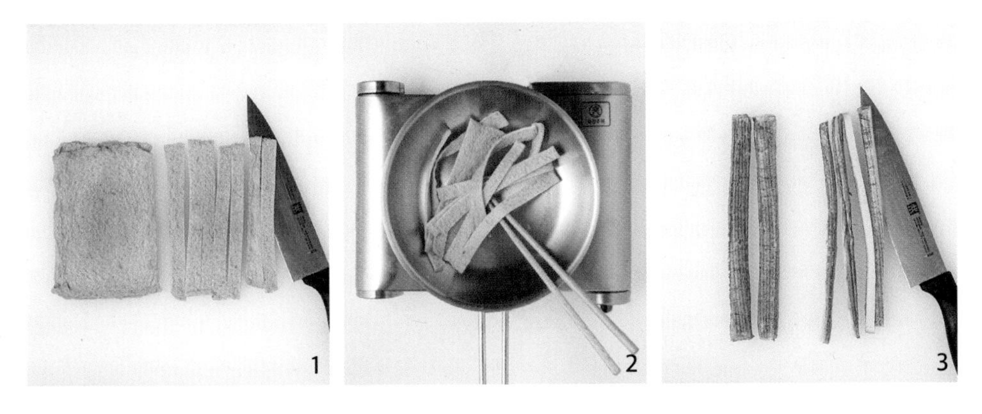

1 **어묵 썰기** 사각 어묵을 준비해 1cm 폭으로 가지런히 썬다.

2 **어묵 볶기** 마른 팬에 자른 어묵을 넣고 젓가락으로 저어가며 살짝 굽는다.

3 **맛살 썰기** 맛살은 세로로 길게 반 갈라 썬다. 크래미 맛살은 결대로 쪼갠다.

김 고르기

김을 잘 골라야 모양도 반듯하고 맛있는 김밥을 만들 수 있다. 비슷해 보이지만, 자세히 살펴보면 크기가 다르고 맛과 특징, 사용하는 용도가 조금씩 다르다.

김 손질하기

김밥을 말기 전에 구멍 난 곳이 없는지, 덩어리가 뭉쳐 있지는 않은지 살펴본다. 잡티가 있다면 떼어내고, 가루를 한 번 살살 털고 사용한다.

1 **김밥 김** 김밥 마는 용도로 구워서 나온 김. 두툼해서 잘 찢어지지 않는 편. 여러 업체에서 생산하지만 크기는 같다. 단무지, 햄, 조린 우엉 등도 김밥 김의 크기에 맞춰 나온다.

2 **날김** 굽지 않은 상태로 판매하는 김. 날김으로 김밥을 말기도 한다. 김밥 김보다 얇아서 잘못하면 찢어질 수 있다. 김의 날 냄새가 나기 때문에 살짝 구워서 사용하는 것이 좋다.

3 **파래김** 압착 처리가 덜 된 상태로 판매하기 때문에 겉면이 매끈하지 않다. 보통 부숴서 김무침을 하거나 양념장에 찍어 먹기도 한다. 김밥을 말면 금방 부풀고 일어난다.

4 **조미김** 밥반찬으로 이용하는 김. 충무김밥을 조미김으로 싸는 경우도 있다. 떡 김말이 등에 이용한다.

김밥 말기

다양한 속재료를 준비했다면 김과 밥을 펼쳐놓고 재료를 가지런히 올려 말기만 하면 된다. 적당한 힘 조절로 김이 터지지 않게 마는 것이 포인트.

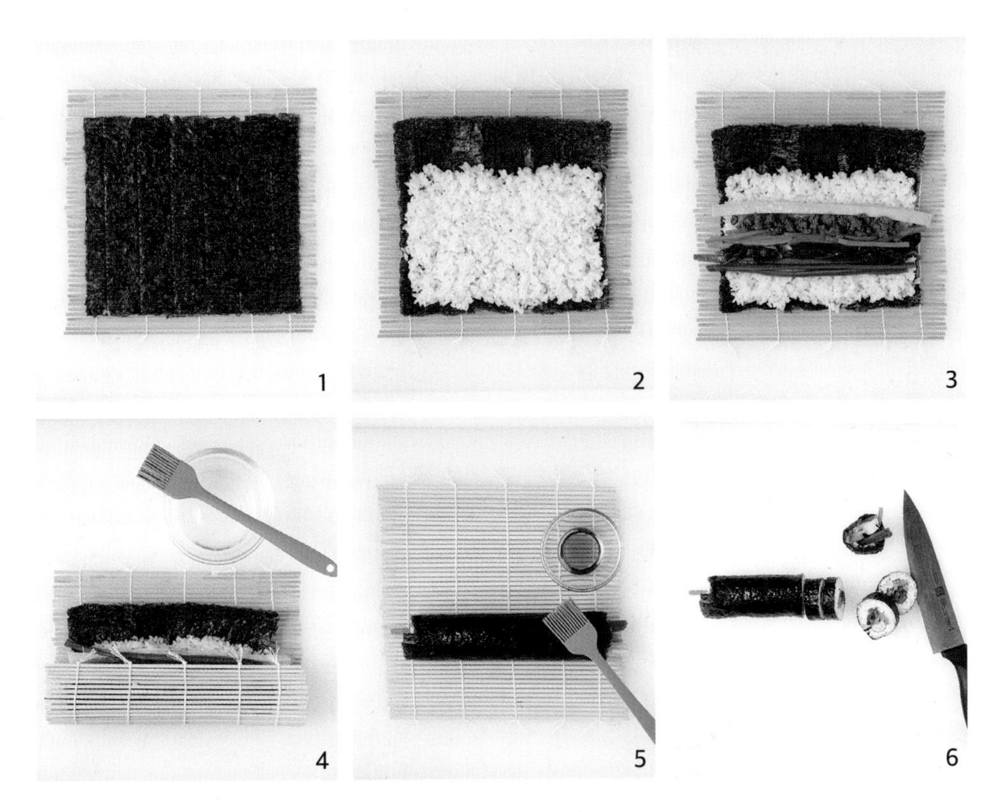

1 **김발 깔고 김 펴기** 김발을 이용하면 고르고 가지런하게 김밥을 말 수 있다. 김발은 대나무로 촘촘히 엮어진 것이 좋다.

2 **밥 펼치기** 김의 $\frac{2}{3}$~$\frac{3}{4}$ 정도까지 밥을 평평하게 깐다. 뭉쳐지거나 빈 곳이 없도록 고르게 펼친다.

3 **재료 올리기** 재료를 가지런히 올린다. 채 썬 당근이나 다진 고기 등 흐트러지기 쉬운 재료를 밑에 놓고, 위에는 굵은 재료를 올린다.

4 **말고 물 묻히기** 김발을 이용해 아랫부분을 잡고 김밥을 만다. 김밥을 꾹꾹 쥐어가며 김발을 움직여가면서 만 후 김의 끝부분에 물을 조금 묻혀 잘 달라붙게 한다. 밥알을 묻혀도 된다.

5 **참기름 바르기** 김밥에 윤기가 나도록 겉에 참기름을 바른다.

6 **썰기** 김밥을 말고 바로 썰면 풀리기 쉽다. 말아서 5~10분 정도 두었다가 써는 게 좋다.

김밥으로 장식하기

꽃 모양 김밥

2

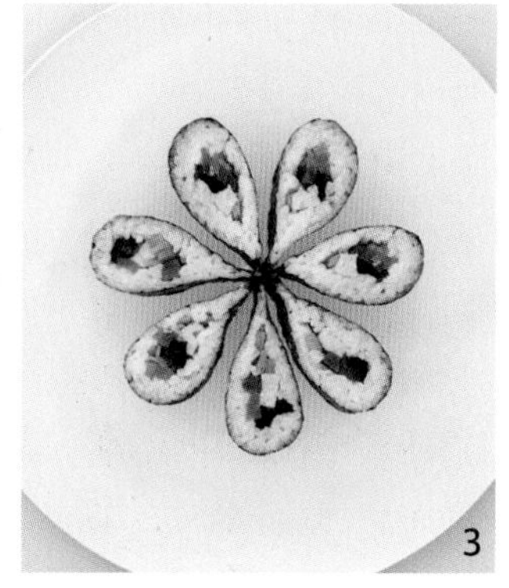

1 가운데가 가장 두툼하고 양 끝으로 갈수록 얇아지도록 밥을 펼치고, 정 가운데에 재료를 올린다.

2 한쪽을 들어 올려 반 접어서 꾹꾹 눌러준다.

3 1cm 폭으로 일정하게 썰어 방사형으로 펼치면 꽃 모양이 된다.

달팽이 모양 김밥

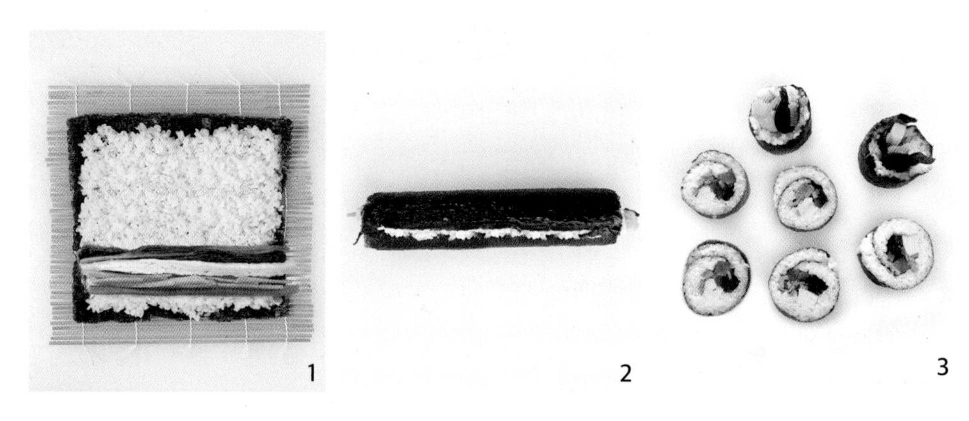

1 밥을 김의 끝까지 두툼하고 고르게 펼친 다음 재료를 아래쪽 끝에 가지런히 올린다.

2 김발을 이용해 아랫부분을 잡고 김밥을 꾹꾹 쥐어가면서 끝까지 만다.

3 1cm 폭으로 일정하게 썬다. 썰어놓으면 소용돌이 모양이 나온다.

접는 김밥

초밥(밥 1/2공기, 식초 2작은술, 설탕 1작은술, 소금 조금), **스팸 3mm 두께 2장, 당근볶음 30g, 달걀지단 1장**(5×4cm)

1 고슬고슬하게 지은 밥에 설탕이 녹을 정도로 데운 배합초를 넣고 고루 섞는다.

2 스팸은 3mm 정도 두께로 2장 준비해 마른 팬에 살짝 굽는다. 달걀지단을 부쳐 5×4cm 크기로 잘라놓고, 당근은 채 썰어 기름 두른 팬에 소금 간해 볶는다.

3 김을 위아래로 한 번, 옆으로 한 번 접어 4등분 자국을 낸 뒤 한쪽에 가위집을 낸다.

4 4등분한 김에 밥, 달걀지단, 당근볶음, 스팸을 칸칸이 올린다.

5 달걀지단을 왼쪽으로 접어 겹친다.

6 겹쳐진 달걀지단과 당근볶음을 위로 접어 스팸 위에 겹쳐 올린다.

7 겹친 재료를 다시 밥 쪽으로 반 접어 꾹꾹 눌러준다. 사선으로 썰거나 4등분으로 썰면 모양이 예쁘게 나온다.

주먹밥의 기초

밥 준비하기

주먹밥도 김밥과 같은 요령으로 밥을 짓는다. 밥을 지을 때 현미, 차조, 검은 찹쌀 등의 잡곡을 섞으면 색깔에 변화를 줄 수 있고 다양한 영양을 섭취할 수 있어 일석이조다.

1 쌀을 문질러 씻고 4~5회 충분히 헹군다. 체에 밭쳐 30분 정도 불린다.

2 불린 쌀로 밥을 지을 경우, 쌀보다 물을 1/3 정도 적게 붓고 고슬고슬하게 밥을 짓는다.

3 넓은 그릇에 퍼 담고 배합초 또는 참기름·깨소금으로 양념한다.

잡곡 섞기

1 **찹쌀 섞기** 멥쌀과 찹쌀을 3 : 1의 비율로 섞어서 밥을 지으면 주먹밥이 잘 뭉쳐지고 찰기가 돌아 맛있다.

2 **잡곡 섞기** 현미 찹쌀, 차조, 검은 찹쌀, 찰수수 등이 주먹밥에 섞는 잡곡으로 적당하다. 현미 잡곡밥을 지을 때는 물의 양을 쌀밥으로만 할 때보다 1.2배 정도 늘린다.

검은 찹쌀 차조

현미 찹쌀

밥 양념하기

주먹밥을 만들 때 김가루나 후리가케를 섞으면 모양도 예쁘고 맛도 좋아진다. 밥에 뿌려서 섞거나, 주먹밥을 만든 후 가루에 굴려서 겉에 묻힌다.

1 **김가루 뿌리기** 마른 파래김을 손으로 찢거나 비닐봉지에 넣어 부수어 사용한다. 조미 김가루를 이용해도 된다.

2 **후리가케 뿌리기** 후리가케를 뜨거운 밥에 솔솔 뿌려 간편하게 맛을 낸다. 후리가케는 김, 연어, 버섯, 채소 등 다양한 재료를 가공해 만들어 간편하게 맛을 낼 수 있다.

주먹밥 만들기에 좋은 재료

고슬고슬 지은 밥에 좋아하는 재료를 한두 가지 추가해 뭉쳐서 주먹밥을 만든다. 또는 밥과 함께 비비거나 볶아서 만들기도 한다. 남은 반찬을 활용해도 좋다.

1

2

3

1 **나물** 시래기, 취나물, 콩나물 등 평소 좋아하는 나물들을 활용해 주먹밥을 만들 수 있다. 맛있는 나물을 섞어 만든 주먹밥은 소화도 잘되고 한 끼 식사로 손색이 없다.

2 **고기볶음** 다진 쇠고기에 갖은양념을 해서 밥과 함께 볶아 주먹밥으로 뭉치거나 밥 속에 넣고 뭉쳐서 주먹밥을 만든다. 불고기 남은 게 있다면 다져 넣어도 좋고, 제육볶음이나 오징어볶음을 활용해도 좋다.

3 **김치볶음** 김치를 스팸과 함께 볶아서 김치볶음밥을 만들어 주먹밥으로 뭉치면 좋다. 달걀물로 옷을 입혀 노릇하게 전을 부치면 더 맛있게 먹을 수 있다.

4

5

4 **고추장 비빔밥** 별다른 속재료가 떠오르지 않는다면 고추장 비빔밥으로 만들어도 좋다. 밥에 고추장을 비벼 삼각 모양으로 빚으면 편의점 삼각김밥이 된다. 남은 제육볶음을 활용한다면 금상첨화.

5 **카레볶음밥** 카레는 음식의 향을 좋게 하고 식욕을 돋워준다. 복잡하게 카레 소스를 만드는 대신 볶음밥에 카레가루를 뿌리면 간편하게 맛을 낼 수 있다. 달걀물을 입혀 전을 부치면 더 맛있다.

주먹밥 속에 넣으면 좋은 재료

주먹밥 속에 넣는 재료는 간간한 것이 잘 어울린다. 밥 속에 각종 장아찌, 낙지젓·명란젓 등의 젓갈, 멸치볶음 등의 재료를 넣고 꼭꼭 뭉쳐도 맛있다.

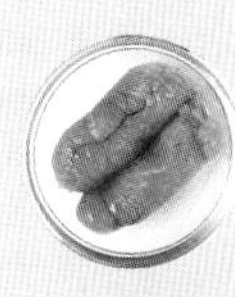

주먹밥 모양내기

주먹밥은 여러 가지 모양으로 만들 수 있다. 요즘은 동그라미, 세모, 네모 등 다양한 틀이 시판돼 간편하게 모양을 낼 수 있다. 재료가 삐지지 않도록 꼭꼭 눌러 뭉치는 것이 포인트.

1 2 3

1 동글게 뭉치기 주먹밥의 가장 기본적인 모양. 두 손으로 쥐어 주물러가며 동그랗게 모양을 잡는다.

2 삼각으로 뭉치기 삼각김밥 형태로 두 손으로 조물조물 눌러 모양을 잡는다.

3 모양틀 이용하기 시판 모양틀을 사용하면 편리하다. 원통형, 삼각형, 사각형 등 다양한 모양틀이 있으므로 필요에 따라 골라 사용한다.

무스비 틀 이용하기

재료를 차곡차곡 쌓아 올리는 무스비를 만들 때 편리하다. 틀 안에 밥과 스팸, 달걀지단 등의 재료를 올려서 꼭꼭 눌러준 다음 틀에서 뺀다. 무스비 틀이 없다면 납작한 스팸 캔을 활용하면 좋다. 스팸 캔에 비닐랩을 깔고 밥과 스팸, 달걀지단 등의 재료를 차곡차곡 쌓아 눌러준다. 도구 없이 쉽게 무스비를 만들 수 있다.

삼각김밥 싸기

1

2

3

1 삼각김밥 틀에 비닐랩을 깐다.

2 밥-속재료-밥 순서로 올린 다음 뚜껑을 닫고 꾹꾹 누른다.

3 틀에서 빼낸 뒤 손으로 한 번 더 삼각 모양을 잡고 랩을 벗긴다.

주먹밥에 김 띠 두르기

완성된 삼각 주먹밥에 김 띠를 둘러주면 모양이 살아난다. 김은 삼각김밥의 크기에 맞춰 잘라 준비한다.

유부초밥의 기초

유부 고르기

유부는 모양에 따라 삼각, 사각으로 나뉜다. 사각 유부는 조미 유부와 냉동 유부로 나뉘고, 조미 유부 중에서도 작은 것과 큰 것으로 나뉜다. 큰 것은 보통 토핑 유부초밥에 사용한다.

1 2 3

4

1 **삼각 조미 유부** 일반적인 형태의 유부초밥을 만들 때 사용한다. 조미된 상태이므로 적당히 국물을 짜낸다. 너무 꼭 짜면 찢어지기 쉬우니 조심한다.

2 **사각 조미 유부** 삼각 조미 유부와 함께 유부초밥을 만들 때 주로 사용한다. 토핑 유부초밥에 이용할 수도 있다.

3 **냉동 사각 유부** 조미가 되지 않은 냉동 상태로 판매한다. 유부초밥에 사용하기도 하지만, 우동 같은 국물요리나 유부김밥을 만들 때 주로 사용한다.

4 **큰 사각 조미 유부** 작은 유부의 1.5배 정도의 크기로 토핑 유부초밥을 만들 때 주로 사용한다.

유부 손질하기

냉동 유부는 끓는 물에 데치거나 체에 밭친 채 뜨거운 물을 부어 기름기를 뺀다. 조미된 채로 판매하는 유부를 사용하면 편리하다. 조미 유부는 국물을 적당히 짜고 사용한다.

1

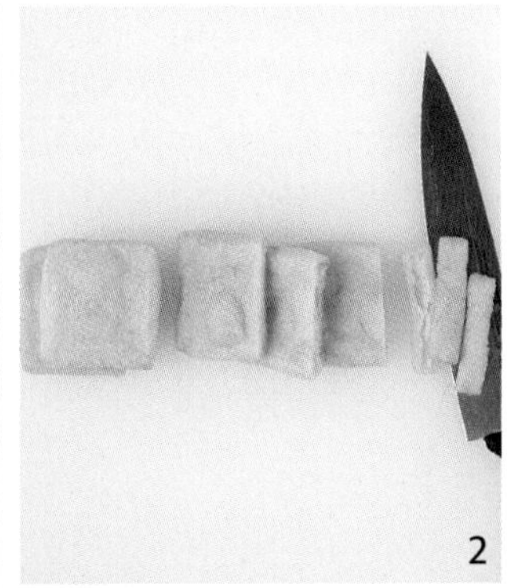
2

3

1 **유부 데치기** 냉동 유부는 끓는 물에 살짝 데쳐서 체에 건져 기름기를 뺀다. 체에 밭친 채 뜨거운 물을 부어가며 기름기를 제거하는 방법도 있다.

2 **유부 자르기** 원하는 모양으로 자른다. 위만 2mm 정도 자르거나 반으로 잘라 네모나게 만들거나, 사선으로 잘라 세모 모양으로 만들 수 있다.

3 **유부 조리기** 냄비에 조림장 재료를 넣고 끓이다가 준비한 유부를 넣고 조린다. 유부에 간이 잘 배면 체에 건져 식히고 국물을 적당히 짠다. 조림장은 가쯔오부시 국물 1컵, 간장 3큰술, 설탕 2큰술, 청주 1큰술을 섞어서 만든다.

조미 유부는 국물을 짠다

조미된 채로 판매하는 유부는 국물을 적당히 짜서 사용한다. 간이 되어있으므로 물에 헹구지 않고 그대로 사용한다.

유부초밥용 밥 양념하기

식초, 설탕을 섞어서 배합초를 만든 후 밥에 골고루 뿌려 새콤달콤한 밑양념을 한다. 기호에 따라 참기름, 깨소금으로 고소하게 양념하기도 한다.

새콤달콤한 배합초 양념

1 식초, 설탕, 소금 배합하기 식초와 설탕을 2 : 1의 비율로 섞고 소금을 조금 추가해 설탕이 녹을 정도로 데워 배합초를 만든다. 설탕은 끓는 물에 중탕으로 녹인다.

2 밥에 섞기 갓 지어 따뜻한 밥에 배합초를 넣고 골고루 뿌려가며 섞는다. 밥알이 으깨지지 않도록 조심해서 섞고 위아래를 뒤적여준다.

고소한 참기름·깨소금 양념

새콤달콤한 초밥 대신 고소한 밥을 원한다면 참기름으로 밑간한다. 따뜻한 밥에 참기름, 깨소금, 소금 조금을 뿌려 잘 섞어준다. 기호에 따라 설탕을 뿌리기도 한다.

유부에 밥 담기

유부초밥을 만드는 데도 테크닉이 필요하다. 잘못하면 유부가 찢어지기 쉬우니 조심해서 다룬다. 밥을 적당한 크기로 뭉쳐 주먹밥을 만들고 유부는 미리 벌려놓도록 한다.

1

2

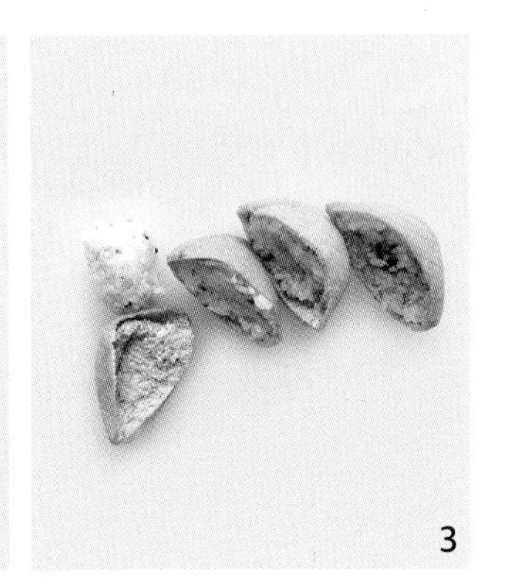

3

1 **밥을 적당한 크기로 뭉쳐 놓는다** 밥을 떠서 그대로 유부 속에 밀어 넣으면 유부가 찢어지기 쉽다. 밥을 먼저 적당한 크기로 균일하게 뭉쳐 놓는다.

2 **유부를 반쯤 뒤집어 놓는다** 밥이 잘 들어가도록 유부피의 끝을 반쯤 뒤집어 벌려놓는다.

3 **밥을 안쪽부터 채워 담는다** 유부피 안쪽이 비지 않고 꽉 차도록 밥을 눌러가며 차곡차곡 담는다.

4 **꼭꼭 눌러 모양을 잡는다** 어느 정도 밥이 채워졌으면 유부초밥을 꼭꼭 눌러 모양을 잡는다.

토핑 유부초밥 예쁘기 담기

토핑 유부초밥은 토핑을 소복하게 담아야 먹음직스럽고 예쁘다. 유부에 밥을 담을 때 윗부분을 가득 채우지 말고 2/3 정도만 채우고 토핑을 올린다. 마지막에 실파를 송송 썰어 올리면 더욱 멋스럽다.

part 1

김밥

맛도 좋고 영양소도 골고루 섭취할 수 있는 간편 영양식 김밥. 김 위에 다양한 재료를 넣고
돌돌 말아 아이들 간식이나 든든한 도시락 한 끼로 안성맞춤.

쇠고기볶음과 우엉, 당근, 시금치가 들어간 김밥의 정석. 쇠고기 대신 햄을 넣어도 좋다.

우엉 쇠고기 김밥

재료 2인분

밥 2공기
식초 2큰술
설탕 1큰술
소금 조금

김밥용 김 2장
단무지 2줄
참기름 1큰술

우엉조림 우엉(중간 굵기) 15cm, 간장·설탕·청주 1큰술씩, 물 1/2컵
쇠고기볶음 다진 쇠고기 100g, 간장 1큰술, 설탕·참기름·청주 1작은술씩, 소금·후춧가루·식용유 조금씩
달걀지단 달걀 2개, 맛술 1작은술, 소금 조금, 식용유 조금
시금치무침 시금치 1줌, 참기름 1작은술, 소금·깨소금 조금씩
당근볶음 당근 1/3개, 소금 조금, 식용유 조금

1
고슬고슬하게 지은 밥에
설탕이 녹을 정도로 데운
배합초를 넣고 고루 섞는다.

2
우엉은 껍질을 벗기고
5~6cm 크기로 토막 낸 뒤
가늘게 썰어 조림장에 조린다.

3
다진 쇠고기는 양념에 잠시
재웠다가 기름 두르지 않은
팬에 보슬보슬하게 볶는다.

4
달걀은 풀어서 맛술과
소금으로 간한 뒤,
기름 두른 팬에 도톰하게 부쳐
1cm 폭으로 길게 썬다.

5
시금치는 데쳐서 소금·
참기름·깨소금으로 무치고,
당근은 채 썰어 기름 두른
팬에 소금 간해 볶는다.

6
김발 위에 김을 펼쳐놓고 밥을
2/3 정도 편다.
그 위에 준비한 재료를 올리고
돌돌 말아 먹기 좋게 썬다.

김밥을 만 뒤 달걀지단에 굴려서 한 번 더 말아 색도 곱고 모양도 예쁜 김밥

달걀롤 김밥

재료 2인분

밥 2공기
식초 2큰술
설탕 1큰술
소금 조금

김밥용 김 2장
단무지 2줄
사각 어묵 2장
참기름 1큰술

오이절임 오이 1/4개, 설탕·식초 1/2큰술씩, 소금 조금
당근볶음 당근 1/3개, 소금 조금, 식용유 조금
달걀지단 달걀 4개, 맛술 2작은술, 소금 조금, 식용유 조금

1
고슬고슬하게 지은 밥에
설탕이 녹을 정도로 데운
배합초를 넣고 고루 섞는다.

2
오이는 단무지 굵기로 썬 뒤
절임물에 절여 물기를 짜고,
당근은 채 썰어 기름 두른
팬에 소금 간해 볶는다.

3
어묵은 1cm 폭으로
가지런히 썬 뒤
기름을 두르지 않은 팬에
살짝 볶는다.

4
김발 위에 김을 펼쳐놓고 밥을
2/3 정도 편다.
그 위에 준비한 재료를 올리고
돌돌 만다.

5
달걀을 곱게 풀어 소금,
맛술로 간한다.
달군 팬을 기름으로 코팅하고
달걀물을 부어 약불에서
달걀지단을 2장 부친다.

6
윗면이 응고되기 전에
④의 김밥을 올려 약불에서
익혀가며 돌돌 만다.
한 김 식으면 먹기 좋게 썬다.

간간하게 조린 유부와 흰 단무지가 특별한 맛을 내는 원조 해남김밥 레시피

유부 김밥

재료 2인분

밥 2공기
식초 2큰술
설탕 1큰술
소금 조금

김밥용 김 2장
단무지 2줄
참기름 1큰술

유부조림 사각 유부 10장, 간장·설탕·맛술 1큰술씩, 물 3큰술
우엉조림 우엉(중간 굵기) 15cm, 간장·설탕·청주 1큰술씩, 물 1/2컵
달걀지단 달걀 2개, 맛술 1작은술, 소금 조금, 식용유 조금
시금치무침 시금치 1줌, 참기름 1작은술, 소금·깨소금 조금씩
당근볶음 당근 1/3개, 소금 조금, 식용유 조금

1
고슬고슬하게 지은 밥에
설탕이 녹을 정도로 데운
배합초를 넣고 고루 섞는다.

2
냉동 유부는 0.5cm 정도로
채 썰어 조림 양념에 물기 없
이 바싹 볶는다.

3
우엉은 껍질을 벗기고
5~6cm 크기로 토막 낸 뒤
가늘게 썰어 조림장에 조린다.

4
달걀은 풀어서 맛술과
소금으로 간한 뒤,
기름 두른 팬에 도톰하게 부쳐
1cm 폭으로 길게 썬다.

5
시금치는 데쳐서 소금·
참기름·깨소금으로 무치고,
당근은 채 썰어 기름 두른
팬에 소금 간해 볶는다.

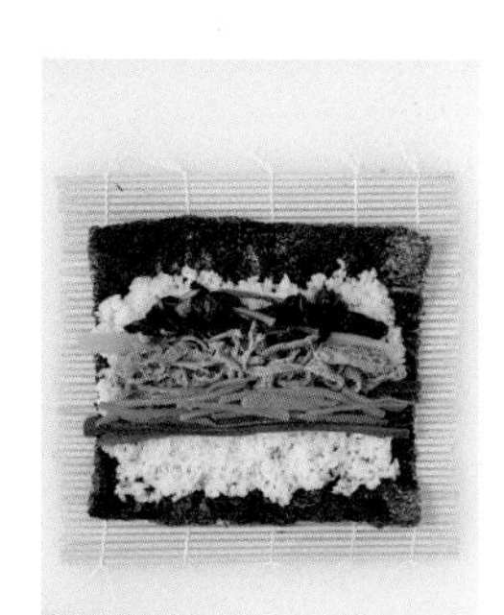

6
김발 위에 김을 펼쳐놓고 밥을
2/3 정도 편다.
그 위에 준비한 재료를 올리고
돌돌 말아 먹기 좋게 썬다.

오징어볶음과 무김치를 곁들여 간편하게 먹을 수 있는 충무식 별미 김밥

충무김밥

재료 2인분

밥 2공기
식초 2큰술
설탕 1큰술
소금 조금

김밥용 김 2장
참기름 1큰술

무김치 무 1토막(200g), 굵은 소금 조금, 고춧가루 3큰술, 다진 마늘 1작은술, 식초 1/2큰술, 설탕·물엿 1큰술씩

오징어무침 오징어 1마리, 고춧가루 1큰술, 다진 마늘 1작은술, 간장·청주·설탕 1작은술씩, 참기름 1큰술

1
고슬고슬하게 지은 밥에 설탕이 녹을 정도로 데운 배합초를 넣고 고루 섞는다.

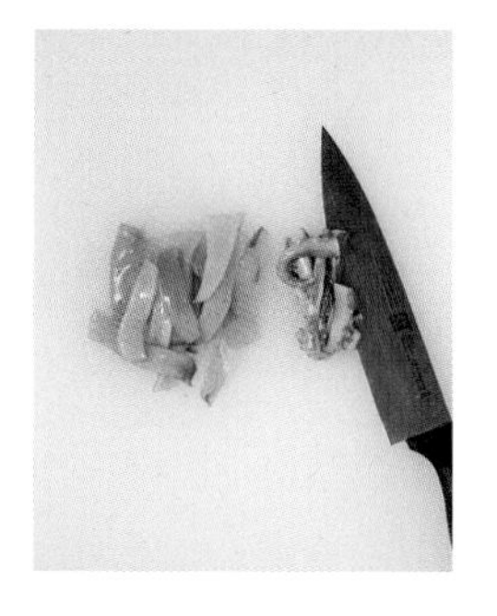

2
오징어는 깨끗이 손질해 몸통은 폭 1.2cm, 길이 5cm로 썰어 다리와 함께 끓는 물에 데친다.

3
오징어가 살짝 데쳐지면 건져서 식힌 뒤 오징어무침 양념에 버무린다.

4
무는 길이 4cm, 폭 1cm로 납작 썰어 굵은 소금을 뿌려 절인다. 숨이 죽으면 나머지 양념으로 무친다.

5
구운 김을 6등분으로 자르고, 밥을 한 숟가락 정도 덜어서 자른 김에 얹고 돌돌 만다.

tips

오징어는 익으면 오그라들기 때문에 무보다 조금 더 크게 써는 게 좋다. 오징어무침에 볶은 어묵을 섞어도 별미다. 어묵을 썰어 마른 팬에 살짝 볶은 다음 오징어무침과 함께 무치면 된다.

참치통조림만 있으면 쉽게 만들 수 있는 김밥. 마요네즈의 고소한 맛이 입맛을 당긴다.

참치 김밥

재료 2인분

밥 2공기
식초 2큰술
설탕 1큰술
소금 조금

김밥용 김 2장
단무지 2줄
게맛살 1줄
깻잎 4~6장
참기름 1큰술

참치통조림 150g(1캔)
마요네즈 2큰술
머스터드 소스 1/2큰술
다진 양파 3큰술
소금·후춧가루 조금씩

1
고슬고슬하게 지은 밥에 설탕이 녹을 정도로 데운 배합초를 넣고 고루 섞는다.

2
참치통조림은 체에 밭쳐 국물을 빼고 마요네즈, 머스터드 소스, 다진 양파, 소금·후춧가루를 넣고 버무린다.

3
김밥용 게맛살은 2등분으로 길게 가른다.

4
김발 위에 김을 펼쳐놓고 밥을 2/3 정도 편 뒤 깻잎을 가지런히 깐다.

5
그 위에 참치 마요와 게맛살, 단무지를 올리고 돌돌 말아 먹기 좋게 썬다.

tips

마요네즈에 고추냉이를 조금 섞으면 입맛을 돋우는 색다른 맛을 느낄 수 있다.

멸치와 청양고추의 조화! 매콤한 청양고추와 잔멸치볶음이 묘하게 어우러지는 별미 김밥

멸추 김밥

재료 2인분

밥 2공기
식초 2큰술
설탕 1큰술
소금 조금

김밥용 김 2장
단무지 2줄
사각 어묵 2장
참기름 1큰술

멸치고추볶음 잔멸치 1/2컵, 청양고추 3개, 간장·청주 1작은술씩, 올리고당 1작은술, 설탕 2작은술, 깨소금 조금, 식용유 1큰술

우엉조림 우엉(중간 굵기) 15cm, 간장·설탕·청주 1큰술씩, 물 1/2컵

1
고슬고슬하게 지은 밥에 설탕이 녹을 정도로 데운 배합초를 넣고 고루 섞는다.

2
청양고추는 꼭지를 떼고 반으로 갈라 씨를 털어낸 다음 곱게 다진다.

3
우엉은 껍질을 벗기고 5~6cm 크기로 토막 낸 뒤 가늘게 썰어 조림장에 조린다.

4
달군 팬에 기름을 두르고 멸치를 볶다가 다진 청양고추, 간장, 청주를 넣어 볶는다. 불을 끄고 올리고당을 넣어 고루 섞는다.

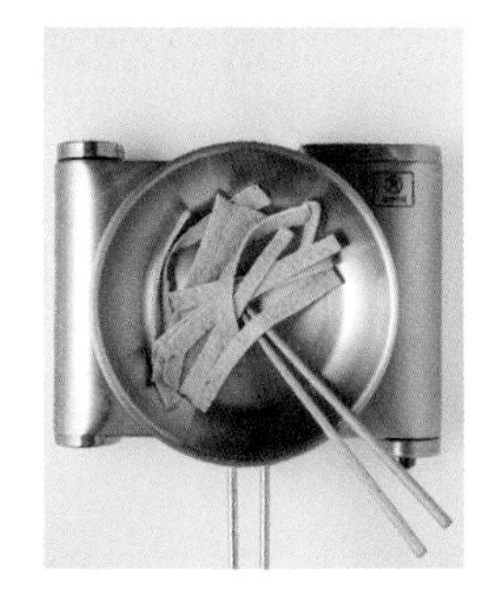

5
어묵은 1cm 폭으로 썰어 기름을 두르지 않은 팬에 살짝 볶는다.

6
김발 위에 김을 펼쳐놓고 밥을 2/3 정도 편다. 그 위에 준비한 재료를 올리고 돌돌 말아 먹기 좋게 썬다.

매콤하게 볶은 오징어볶음이 매력인 김밥. 남대문 통통김밥 스타일

오징어 김밥

재료 2인분

밥 2공기

김밥용 김 2½장
단무지 2줄
햄 2줄
어묵(0.5cm) 2줄
깻잎 4장
참기름 1큰술

오징어볶음 오징어 100g, 고춧가루 2큰술, 간장·청주 1작은술씩, 설탕 1/2작은술, 소금 조금, 식용유 조금
우엉조림 우엉(중간 굵기) 15cm, 간장·설탕·청주 1큰술씩, 물 1/2컵
달걀지단 달걀 2개, 맛술 1작은술, 소금 조금, 식용유 조금
당근볶음 당근 1/3개, 소금 조금, 식용유 조금
오이볶음 오이 1/2개, 소금 조금, 식용유 조금

1
우엉은 껍질을 벗기고
5~6cm 크기로 토막 낸 뒤
가늘게 썰어 조림장에 조린다.

2
달걀은 풀어서 맛술과
소금으로 간한 뒤,
기름 두른 팬에 도톰하게 부쳐
1cm 폭으로 길게 썬다.

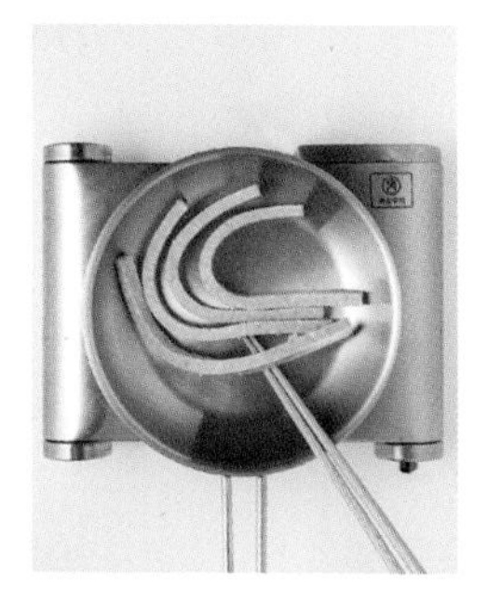

3
오이, 당근은 가늘게 채 썰어
기름 두른 팬에 소금 간해서
볶고, 햄과 어묵은
기름 두르지 않고 굽는다

4
오징어는 껍질을 벗기고
손질해서 몸통은 0.5cm 폭,
5cm 길이로 썰고,
다리는 그대로 준비한다.

5
기름 두른 팬에 고춧가루를
볶다가 나머지 양념을 넣어
볶는다.
고춧가루가 잘 어우러지면
오징어를 넣고 물기 없이 볶는다.

6
김발 위에 김을 펼치고 밥을
2/3 정도 편 뒤 김 1/4장을
1/3 지점에 깔고 오징어볶음을
올린다. 그 위에 깻잎을 2장
깔고 나머지 재료를 올려
돌돌 말아 먹기 좋게 썬다.

생채소가 가득한 김밥을 고추냉이 소스에 찍어 먹는 김밥 맛집 오토김밥 스타일 메뉴

고추냉이 김밥

재료 2인분

밥 2공기
식초 2큰술
설탕 1큰술
소금 조금

김밥용 김 2장
단무지 2줄
오이 1/2개
로메인 4장

어묵볶음 어묵 1/2~1장, 간장 1작은술
달걀지단 달걀 2개, 맛술 1작은술, 소금 조금, 식용유 조금
고추냉이 소스 간장 1작은술, 고추냉이 조금, 물 1/2 작은술

1
고슬고슬하게 지은 밥에 설탕이 녹을 정도로 데운 배합초를 넣고 고루 섞는다.

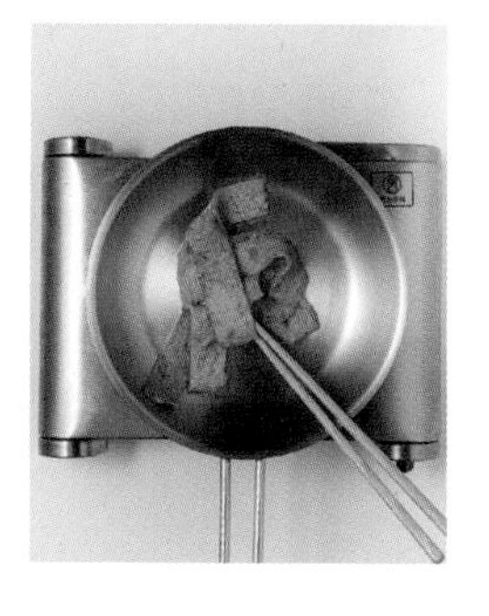

2
어묵은 1.5cm 정도의 폭으로 썰어 간장과 물을 조금 넣고 살짝 조린다.

3
달걀은 풀어서 맛술과 소금으로 간한 뒤, 달군 팬에 기름을 살짝 두르고 지단을 얇게 2장 부친다.

4
오이와 단무지는 가늘게 채 썰고, 로메인은 밑동을 자르고 씻어 물기를 뺀다.

5
얇게 부친 달걀지단에 조린 어묵을 넣고 돌돌 만다.

6
김발 위에 김을 놓고 밥을 2/3 정도 얇게 펴 놓는다. 그 위에 로메인을 깔고 ⑤의 어묵 넣고 만 달걀지단과 나머지 재료를 올려 돌돌 만다. 가지런히 썰어서 고추냉이 소스에 찍어 먹는다.

김치볶음밥에 스팸, 파프리카를 넣고 김으로 말아 한입에 먹을 수 있게 만든 간단 김밥

김치볶음 김밥

재료 2인분

밥 2공기

김밥용 김 2장
노랑 파프리카 1/3개

김치 1컵
양파 1/4개
스팸 100g
토마토케첩 1큰술
식용유 조금

1
김치는 속을 털어내고 잘게 다진다.

2
양파는 잘게 다지고, 파프리카는 1cm 정도 굵기로 썬다.

3
스팸은 1cm 굵기로 길게 막대형으로 잘라 팬에 살짝 굽는다.

4
달군 팬에 식용유를 두르고 김치와 양파를 볶다가 밥과 토마토케첩을 넣고 좀 더 볶아 김치볶음밥을 만든다.

5
김발 위에 김을 펼쳐놓고 한 김 식힌 김치볶음밥을 2/3 정도 편 뒤 스팸과 파프리카를 올리고 돌돌 말아 먹기 좋게 썬다.

tips

김치볶음밥에 토마토케첩을 조금 넣으면 감칠맛이 더욱 좋아진다.

잘 익은 배추김치를 헹구어 물기를 꼭 짠 뒤 돼지불고기를 싸서 먹는 별미 쌈밥

김치 고기말이

재료 2인분

밥 2공기
참기름 1큰술
소금·깨소금 조금씩

잘 익은 배추김치 1/4포기
참기름 1큰술

돼지불고기 돼지고기 100g, 양파 1/4개, 다진 마늘·생강즙 1작은술씩, 간장 1작은술, 참기름 1작은술, 설탕 1/2작은술, 소금·후춧가루 조금씩

1
고슬고슬하게 지은 밥에 참기름과 소금, 깨소금을 넣고 고루 섞는다.

2
돼지고기는 잘게 썰어 양념하고, 양파는 곱게 채 썬다.

3
달군 팬에 양념한 돼지고기와 양파 채를 넣고 물기가 없어질 때까지 볶는다.

4
배추김치는 얇고 넓은 것으로 준비해 물에 헹구어 물기를 꼭 짠 뒤 참기름으로 무친다.

5
밥을 먹기 좋은 크기로 동글게 뭉쳐 놓는다.

6
배추김치를 세로로 펼쳐놓고 뭉친 밥을 올린 다음 돼지불고기를 얹어 돌돌 만다.

단무지와 오이, 당근만으로 맛을 낸 꼬마 김밥. 연겨자 소스에 찍어 먹는 게 맛의 포인트

마약김밥

재료 2인분

밥 2공기
참기름 1큰술
소금·깨소금 조금씩

김밥용 김 2장
단무지(5cm) 1토막
당근 1/3개

오이절임 오이 1/4개, 설탕·식초 1/2큰술씩, 소금 조금
연겨자 소스 간장·연겨자·설탕·식초·물 1작은술씩

1
고슬고슬하게 지은 밥에 참기름과 소금, 깨소금을 넣고 고루 섞는다.

2
오이는 5~6cm로 토막 내서 돌려 깎아 굵게 채 썬 뒤 절임 소스에 30분 정도 절여서 물기를 꼭 짠다.

3
당근은 오이와 같은 길이로 굵게 채 썰어 기름 두른 팬에 소금 간을 해서 볶는다.

4
단무지는 오이와 같은 길이로 잘라 굵게 채 썰어 물기를 꼭 짠다.

5
김을 4등분한 뒤 밥을 2큰술 정도 펼쳐놓고 단무지, 당근, 오이를 올려 돌돌 만다.
연겨자 소스를 곁들인다.

tips

오이는 가운데 씨 부분을 도려내야 절였을 때 무르지 않고 꼬들꼬들한 식감을 살릴 수 있다. 토막 낸 오이를 돌려 깎기 해서 씨를 도려낸다.

지단이 듬뿍 들어가 폭신폭신한 식감이 매력. 달걀 김밥의 원조, 경주 교리김밥 스타일

달걀 김밥

재료 2인분

밥 2공기
식초 2큰술
설탕 1큰술
소금 조금

김밥용 김 2장
단무지 2줄
오이 1/4개
햄(김밥용) 2줄
소금·식용유 조금씩

달걀지단 달걀 2개, 맛술 1작은술, 소금 조금, 식용유 조금
오이절임 오이 1/4개, 설탕·식초 1/2큰술씩, 소금 조금
우엉조림 우엉(중간 굵기) 15cm, 간장·설탕·청주 1큰술씩, 물 1/2컵
당근볶음 당근 1/3개, 소금 조금, 식용유 조금

1
고슬고슬하게 지은 밥에 설탕이 녹을 정도로 데운 배합초를 넣고 고루 섞는다.

2
달걀을 풀어 소금 간한 뒤, 기름 두른 팬에 얇게 부쳐서 곱게 채 썬다.
햄도 팬에 살짝 굽는다.

3
오이는 위아래를 잘라내고 0.5cm 폭으로 길게 썬 뒤 절임 소스에 30분 정도 절여서 물기를 꼭 짠다.

4
우엉은 채 썰어 조림물에 조리고, 당근은 채 썰어 기름 두른 팬에 소금 간해 볶는다.

5
김발 위에 김을 펼쳐놓고 밥을 2/3 정도 편다.
그 위에 준비한 재료를 올리고 돌돌 말아 먹기 좋게 썬다.

tips

달걀지단 채를 넉넉히 넣는 것이 포인트. 김밥 재료의 반 이상이 되도록 달걀지단 채를 많이 넣어 푸짐하게 만다.

연남동 올바른김밥의 명물. 밥 대신 채운 달걀지단과 생연어가 매력인 다이어트 김밥

달걀 키토 김밥

재료 2인분

김 2장

연어 100g
게맛살(크래미) 2줄
사각 어묵 2장
브로콜리 50g
소금 조금

달걀지단 달걀 6개, 맛술 2작은술, 소금 조금, 식용유 조금
겨자 소스 간장·연겨자·설탕·식초·물 1작은술씩

1
달걀은 풀어서 맛술과
소금으로 간한 뒤,
기름 두른 팬에 도톰하게 부쳐
1cm 폭으로 길게 썬다.

2
연어는 도톰하고 길게 썰고,
게맛살과 어묵도 1cm 정도
폭으로 길게 썰어 준비한다.

3
브로콜리는 송이를 떼어
끓는 물에 소금을 조금 넣고
데친 뒤 찬물에 헹궈 물기를
빼고 굵게 다진다.

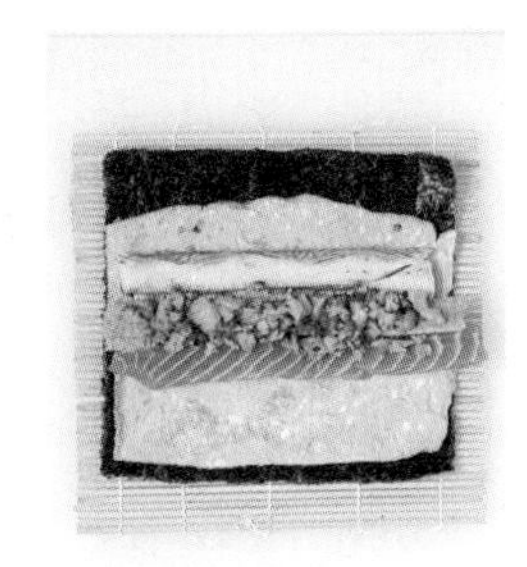

4
김발 위에 김을 펼쳐 놓고
달걀지단을 얹은 다음
연어, 게맛살, 어묵, 브로콜리를
올린다. 조심스럽게 돌돌 말아
먹기 좋게 썬다.

5
겨자 소스를 만들어
함께 곁들인다.

tips

밥 대신 달걀지단으로 말아 잘 달라붙지 않는다. 돌돌 말아 끝부분에 스프레이로 물을 뿌려주고, 모양이 잡힌 후 썰어야 한다.

색색의 채소 샐러드를 올린 토핑 김밥. 만들기 쉽고 모양도 예뻐서 다양하게 활용할 수 있다.

샐러드 김밥

재료 2인분

밥 2공기
식초 2큰술
설탕 1큰술
소금 조금

김밥용 김 2장

샐러드 마요네즈 3큰술, 게맛살(크래미) 3줄
당근·노랑 파프리카 1/4개씩, 오이 1/3개, 양배추 잎 1장,
소금 조금

1
고슬고슬하게 지은 밥에 설탕이 녹을 정도로 데운 배합초를 넣고 고루 섞는다.

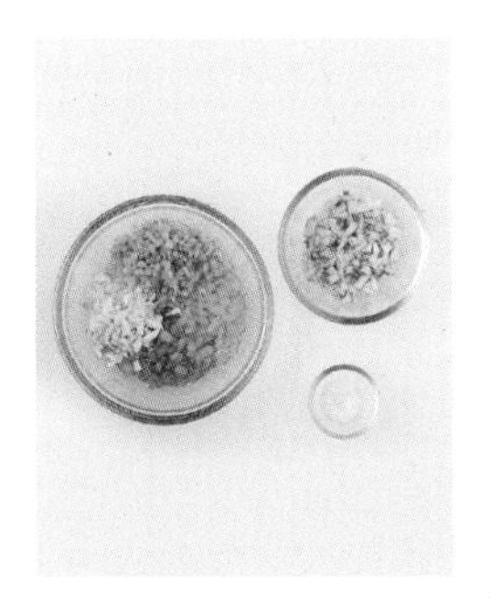

2
당근, 오이, 파프리카, 양배추는 팥알 크기로 굵게 다져서 소금에 살짝 절였다가 물기를 꼭 짠다. 게맛살도 굵게 다진다.

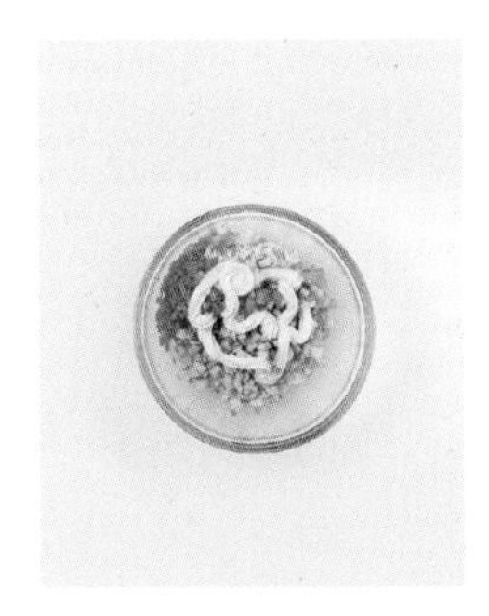

3
손질한 채소와 게맛살에 마요네즈를 넣고 고루 버무려서 샐러드를 만든다.

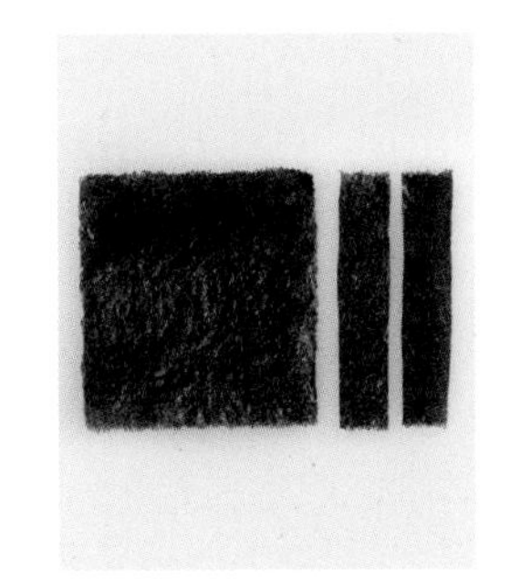

4
김은 3~4cm 폭으로 길게 자르고, 밥은 김에 말기 좋게 한입 크기로 뭉쳐 놓는다.

5
자른 김에 뭉친 밥을 넣어 돌돌 만다.

6
김밥 위에 샐러드를 소복하게 얹는다.

고추장과 참기름으로 매콤하게 비빈 밥을 넣고 만 김밥. 편의점 삼각김밥의 응용 요리

고추장 김밥

재료 2인분

밥 2공기
고추장 2큰술
참기름 1큰술

김밥용 김 2장
단무지 2줄
햄(김밥용) 2줄
깻잎 4장
참기름 1큰술

우엉조림 우엉(중간 굵기) 15cm, 간장·설탕·청주 1큰술씩, 물 1/2컵
달걀지단 달걀 2개, 맛술 1작은술, 소금 조금, 식용유 조금
시금치무침 시금치 1줌, 참기름 1작은술, 소금·깨소금 조금씩
당근볶음 당근 1/3개, 소금 조금, 식용유 조금

1
고슬고슬하게 지은 밥에 참기름과 고추장을 넣고 잘 섞는다.

2
우엉은 껍질을 벗기고 5~6cm 크기로 토막 낸 뒤 가늘게 썰어 조림장에 조린다.

3
달걀을 풀어 소금으로 간한 뒤 기름 두른 팬에 도톰하게 부쳐 1cm 폭으로 길게 썬다. 햄은 기름 두르지 않은 팬에 굽는다.

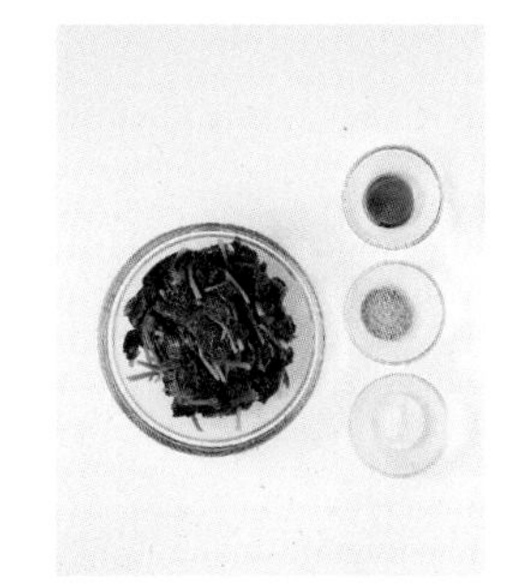

4
시금치는 데쳐서 소금·참기름·깨소금으로 무치고, 당근은 채 썰어 기름 두른 팬에 소금 간해 볶는다.

5
김발 위에 김을 펼쳐놓고 고추장에 비빈 밥을 2/3 정도 고르게 펼친다. 그 위에 준비한 재료를 올리고 돌돌 말아 먹기 좋게 썬다.

tips

시금치 대신 부추를 살짝 데쳐서 간을 해 김밥에 넣기도 한다. 부추를 데칠 때는 넓적한 체에 부추를 펼쳐놓고 뜨거운 물을 부어 숨이 죽을 정도로만 데친다.

감칠맛 나는 진미채와 다시마의 조합이 색다른 조화를 이루는 부산 가원김밥의 명물

진미채 김밥

재료 2인분

밥 2공기
식초 2큰술
설탕 1큰술
소금 조금

김밥용 김 2장
다시마 10×20cm 2장
부추 반 줌
소금·식용유 조금씩

진미채무침 진미채 100g, 고추장 1큰술, 고춧가루·올리고당 1/2큰술씩, 설탕·다진 마늘 2작은술씩, 식용유 조금, 물 1/3컵
달걀지단 달걀 2개, 맛술 1작은술, 소금 조금, 식용유 조금

1
고슬고슬하게 지은 밥에 설탕이 녹을 정도로 데운 배합초를 넣고 고루 섞는다.

2
다시마는 끓는 물에 살짝 데친 뒤 물기를 빼고, 부추는 씻어서 물기를 뺀다.

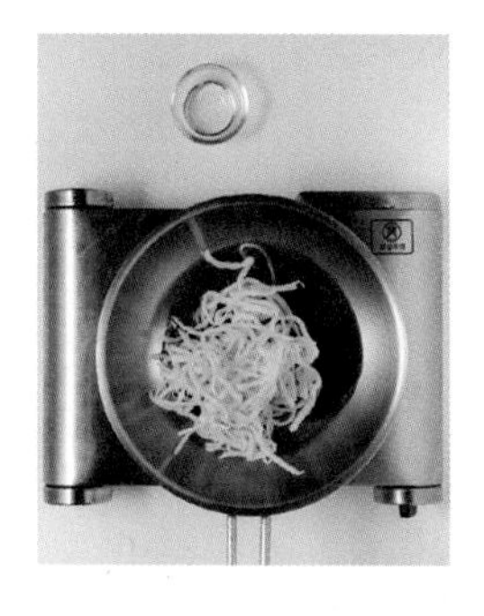

3
올리고당을 제외한 진미채 무침 재료를 함께 끓이다가 진미채를 넣고 볶는다. 잘 어우러지면 올리고당을 넣고 섞는다.

4
달걀을 풀어서 소금으로 간한 뒤 기름 두른 팬에 도톰하게 부쳐 1cm 폭으로 길게 썬다.

5
김발 위에 김을 펼쳐놓고 밥을 2/3 정도 편 뒤 데친 다시마를 깐다. 그 위에 진미채, 부추, 달걀지단 순으로 올려서 돌돌 말아 먹기 좋게 썬다.

tips

부추 대신 실파를 살짝 데쳐 넣어도 별미다.

초밥 대신 김밥! 냉동 참치 외에 연어, 광어 등 기호에 맞는 회를 활용해도 좋다.

참치 말이 김밥

재료 2인분

밥 2공기
식초 2큰술
설탕 1큰술
소금 조금
김밥용 김 2장
냉동 참치 100g
고추냉이 조금

1
고슬고슬하게 지은 밥에 설탕이 녹을 정도로 데운 배합초를 넣고 고루 섞는다.

2
냉동 참치는 소금을 조금 푼 찬물에 담가 반쯤 녹인 다음 물기를 빼고 막대 모양으로 길게 썬다.

3
김은 가위로 잘라 2/3 정도 크기로 준비한다.

4
김발 위에 김을 펼쳐놓고 밥을 2/3 정도 편 뒤 밥 한가운데 고추냉이를 길게 바르고 그 위에 참치를 올려 돌돌 만다.

5
김발로 눌러가며 사각이 되게 모양을 잡은 뒤 2cm 폭으로 썬다.

tips

냉동 참치는 바닷물 정도의 소금물에 반쯤 녹인 뒤 썰어야 잘 썰어진다.

매콤한 어묵조림만 넣은 심플한 김밥. 냉장고에 있는 채소를 추가해도 좋다.

매콤 어묵김밥

재료 2인분

밥 2공기
식초 2큰술
설탕 1큰술
소금 조금

김밥용 김 2장

어묵조림 사각 어묵 2장(100g), 고춧가루 2큰술, 고추장·설탕·맛술 1큰술씩, 간장 1/2작은술, 통깨 조금, 물 3큰술

1
고슬고슬하게 지은 밥에 설탕이 녹을 정도로 데운 배합초를 넣고 고루 섞는다.

2
사각 어묵은 세로로 길게 4등분으로 자른다.

3
어묵조림 양념을 끓이다가 썰어놓은 어묵채를 넣고 양념이 고루 배도록 바특하게 조린다.

4
김발 위에 김을 펼쳐놓고 밥을 2/3 정도 편 뒤 조려둔 어묵채를 얹고 돌돌 말아 먹기 좋게 썬다.

tips

어묵조림에 청양고추를 다져 넣어 매운맛을 더해도 좋다.

롤 위를 아보카도로 감싸서 꾹꾹 눌러 말아 부드럽게 녹는 아보카도의 맛이 별미

아보카도 롤

재료 2인분

밥 2공기
식초 2큰술
설탕 1큰술
소금 조금

구운 김 2장
아보카도 1개
오이 1개
고추냉이 조금

요거트 마요 소스 플레인 요거트·마요네즈 3큰술씩

1
고슬고슬하게 지은 밥에 설탕이 녹을 정도로 데운 배합초를 넣고 고루 섞는다.

2
아보카도는 반 갈라 씨를 빼고 껍질을 벗겨 반은 2mm 정도로 얇게 썰고, 반은 굵게 채 썬다.

3
오이는 5~6cm 길이로 굵게 채 썰어 요거트와 마요네즈를 섞은 소스에 넣고 버무린다.

4
김발 위에 랩을 깔고 김을 펼친 다음 그 위에 밥을 고루 펴놓는다. 그다음 밥알이 아래로, 김이 위로 가도록 뒤집는다.

5
김 위에 굵게 채 썬 아보카도와 소스에 버무린 오이채를 얹어 둥글게 만다.

6
누드 롤 위에 고추냉이를 조금 바르고 아보카도를 사선으로 겹쳐 올린 뒤 랩을 씌운 김발로 단단하게 모양을 잡아 썬다.

누드 김밥처럼 말아서 겉면을 데친 양배추로 둘러싼 양배추 쌈밥의 배리에이션

양배추 누드 김밥

재료 2인분

밥 2공기
식초 2큰술
설탕 1큰술
소금 조금

김밥용 김 2장
양배추(6×10cm) 6장
게맛살 2줄
단무지 2줄

우엉조림 우엉(중간 굵기) 15cm, 간장·설탕·청주 1큰술씩, 물 1/2컵
시금치무침 시금치 1줌, 참기름 1작은술, 소금·깨소금 조금씩
달걀지단 달걀 2개, 맛술 1작은술, 소금 조금, 식용유 조금
당근볶음 당근 1/3개, 소금 조금, 식용유 조금

1
고슬고슬하게 지은 밥에 설탕이 녹을 정도로 데운 배합초를 넣고 고루 섞는다.

2
양배추는 잎 부분만 준비해서 끓는 물에 살짝 데쳐 물기를 빼고, 게맛살은 길게 2등분한다.

3
우엉은 껍질을 벗겨 5~6cm 크기로 토막 낸 뒤 가늘게 썰어 조림장에 조린다.
시금치는 데쳐서 소금, 참기름, 깨소금으로 무친다.

4
달걀을 곱게 풀어 소금 간한 뒤 기름 두른 팬에 도톰하게 부쳐 1cm 폭으로 길게 썬다.
당근은 채 썰어 기름 두른 팬에 소금 간해서 볶는다.

5
김발에 랩을 깔고 데친 양배추를 빈틈없이 펼친 뒤 밥을 양배추의 2/3 정도 펼쳐 올린다.

6
⑤의 밥 위에 김을 펼쳐놓고 다시 그 위에 재료들을 모두 올린 다음 양배추와 함께 돌돌 말아 단단하게 고정한다.
모양이 잡히면 먹기 좋게 썬다.

먹을 때마다 입안에서 톡톡 터지는 재미가 있는 색다른 김밥

날치알 누드 김밥

재료 2인분

밥 2공기
식초 2큰술
설탕 1큰술
소금 조금

김밥용 김 2장
모차렐라 치즈 100g
날치알 1/2컵

오이절임 오이 1/4개, 설탕·식초 1/2큰술씩, 소금 조금
우엉조림 우엉(중간 굵기) 15cm, 간장·설탕·청주 1큰술씩, 물 1/2컵

1
고슬고슬하게 지은 밥에 설탕이 녹을 정도로 데운 배합초를 넣고 고루 섞는다.

2
오이는 굵고 갈게 썰어 절임 소스에 30분 정도 절여 물기를 꼭 짠다.
우엉은 같은 굵기로 썰어 조림장에 조린다.

3
모차렐라 치즈는 새끼손가락 굵기의 스틱 모양으로 자른다.

4
날치알은 체에 밭쳐 흐르는 물에 헹군 다음 물기를 뺀다.

5
김발을 랩으로 덮고 그 위에 구운 김을 펼쳐놓는다.

6
밥을 전체적으로 고루 편 뒤 날치알을 골고루 뿌려 밥에서 떨어지지 않도록 눌러준다.

7
밥이 아래로, 김이 위로 가게 뒤집어서 김 위에 모차렐라 치즈와 오이, 우엉조림을 얹는다.

6
날치알이 떨어지지 않도록 랩으로 감싼 김발로 꼭꼭 말아 먹기 좋은 크기로 썬 뒤 랩을 떼어낸다.

게맛살과 아보카도가 들어간 대표적인 누드 김밥. 순서만 익히면 의외로 쉽다.

캘리포니아 롤

재료 2인분

밥 2공기
식초 2큰술
설탕 1큰술
소금 조금

구운 김 2장,
아보카도 1/2개
날치알 3큰술
고추냉이 조금

게맛살 샐러드 게맛살(크래미) 5줄, 셀러리 1대, 양파 1/4개, 마요네즈 3큰술

1
고슬고슬하게 지은 밥에 설탕이 녹을 정도로 데운 배합초를 넣고 고루 섞는다.

2
아보카도는 반 갈라 씨를 빼고 껍질을 벗겨 2mm 정도로 얇게 썬다. 날치알은 체에 밭친 채 물에 헹궈 물기를 뺀다.

3
게맛살은 잘게 찢고 셀러리와 양파는 다져서 모두 함께 마요네즈에 버무려 게맛살 샐러드를 만든다.

4
김발 위에 랩을 깔고 김을 펼친 다음 그 위에 밥을 고루 펴놓는다. 그다음 밥알이 아래로, 김이 위로 가도록 뒤집는다.

5
김 위에 게맛살 샐러드를 길게 올리고 썬 아보카도와 날치알을 올려 둥글게 만다.

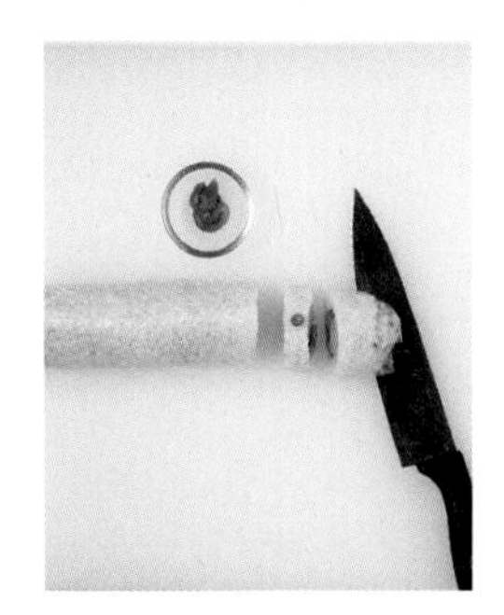

6
말아놓은 롤을 먹기 좋은 크기로 썬 뒤 랩을 떼어낸다. 롤 위에 각각 고추냉이를 조금씩 바른다.

part 2

주먹밥

만들기 쉽고 먹기도 간편한 주먹밥. 고슬고슬 지은 밥에 고소하게 간을 해서 한두 가지 재료로 넣고 뭉치기만 하면 끝! 좋아하는 재료나 남은 반찬을 활용해 다양하게 즐길 수 있다.

속에 쇠고기볶음을 넣고 꾹꾹 눌러 만든 삼각김밥. 아작아작 씹히는 오이볶음이 매력!

쇠고기볶음 삼각김밥

재료 2인분

밥 2공기
참기름 1큰술
소금 조금

김밥용 김 반 장

쇠고기볶음 다진 쇠고기 100g, 간장 1큰술, 설탕·참기름·청주 1작은술씩, 소금·후춧가루·식용유 조금씩
오이볶음 오이 1/2개, 소금·식용유 조금씩

1
고슬고슬하게 지은 밥에 참기름과 소금을 넣고 고루 섞는다.

2
다진 쇠고기는 불고기 양념에 재웠다가 달군 팬에 식용유를 조금 두르고 물기 없이 볶는다.

3
오이는 씨 부분을 도려내고 채 썰어 다진 다음 소금을 조금 넣고 살짝 볶아 쇠고기 볶음과 섞는다.

4
삼각김밥 틀에 랩을 깔고 밥-쇠고기볶음-밥 순서로 올린 다음 뚜껑을 닫고 꼭꼭 눌러준다.

5
틀에서 빼내어 손으로 한 번 더 삼각 모양을 잡고 랩을 벗긴다. 김 띠를 둘러 모양을 낸다.

tips

오이볶음은 소금에 절여야 아작아작한 맛을 살릴 수 있다. 불고기 양념 대신 고추장 맛으로 응용해도 좋다.

소불고기를 밥과 함께 볶아 한입 크기로 동글게 빚은 주먹밥

쇠고기볶음 주먹밥

재료 2인분

밥 2공기
참기름 1큰술
소금 조금

실파 2뿌리

쇠고기볶음 다진 쇠고기 100g, 간장 1큰술, 설탕·참기름·청주 1작은술씩, 소금·후춧가루·식용유 조금씩

1
다진 쇠고기를 준비해 간장, 설탕, 청주, 참기름, 소금, 후춧가루로 양념해서 10분 정도 재워둔다.

2
달군 팬에 식용유를 조금 두르고 양념한 고기를 볶는다.

3
②에 밥과 참기름을 넣고 고루 섞이게 볶는다. 싱거우면 소금으로 간을 맞춘다.

4
다 볶아지면 한 김 식혀 원하는 모양으로 뭉친다.

5
실파를 송송 썰어 밥 위에 조금 뿌린다.

tips

동글게 주먹밥을 만들어 한 개씩 베이킹 컵에 담으면 모양이 더욱 예쁘다.

색에 비해 맛은 아주 훌륭한 건강식. 찹쌀을 섞어서 밥을 지어 잘 뭉쳐진다.

시래기 주먹밥

재료 2인분

찹쌀 1/2컵
멥쌀 1/2컵
물 1½컵
소금 조금

시래기나물 무청 시래기 1줌(2/3컵), 간장·국간장 1작은술씩, 설탕 1작은술, 참기름 2작은술, 식용유 1큰술, 통깨 조금

1
찹쌀과 멥쌀을 섞어서 물에 불린 뒤 밥솥에 안치고 물을 자작하게 부어 밥을 짓는다.

2
말린 무청 시래기는 물에 충분히 불린 뒤 흐르는 물에 여러 번 헹구고 물기를 꼭 짠다.

3
시래기를 잘게 썰어 양념에 조물조물 무친 뒤 팬에 볶아 한 김 식힌다.

4
밥을 퍼서 한 김 식힌 다음 ③의 시래기나물을 넣어 고루 섞어 비빈다.

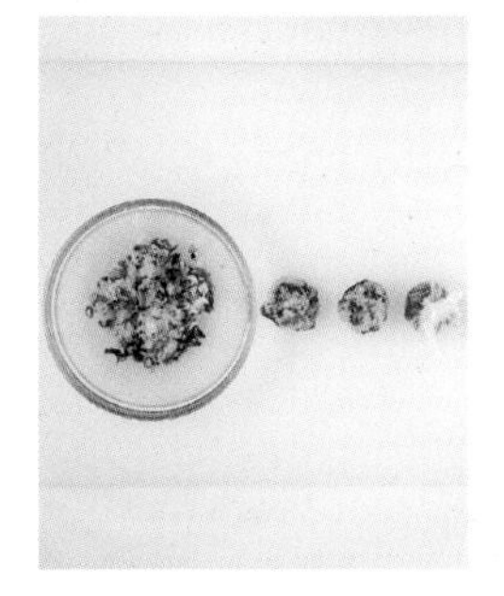

5
시래기 나물밥을 한 덩이 덜어 동그랗게 뭉친다.
비닐랩에 담고 비틀어 주머니 모양으로 만들어도 된다.

tips

비닐랩으로 밥을 쌀 때는 한 김 식힌 뒤 싸야 김이 서리는 것을 방지할 수 있다. 말린 무청 시래기 대신 손질된 냉동 시래기가 나와 불리지 않고 편리하게 사용할 수 있다.

향긋한 취나물 비빔밥을 틀에 넣고 눌러 앙증맞은 삼각 주먹밥이 되었다.

취나물 주먹밥

재료 2인분

밥 2공기
참기름 1큰술
소금 조금

취나물 생취 1줌(2/3컵), 참기름 1큰술, 소금 1/2작은술

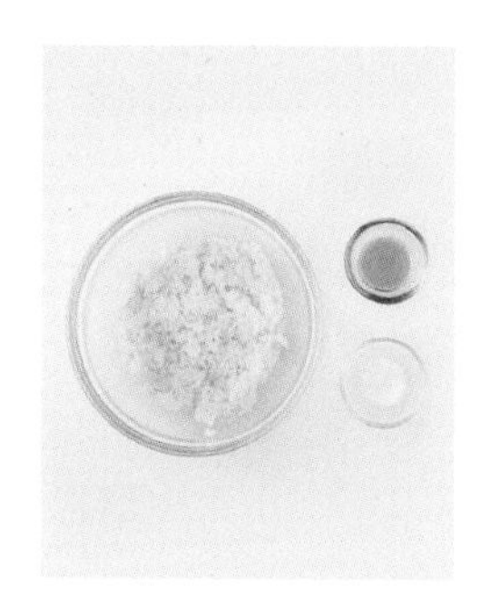

1
고슬고슬하게 지은 밥에
참기름과 소금을 넣고
고루 섞는다.

2
연한 생취를 준비해 끓는
물에 살짝 데쳐서 찬물에
헹구어 물기를 꼭 짠다.

3
데친 취나물은 참기름,
소금으로 조물조물 무친다.

4
밑간한 밥에 양념한 취나물을
넣고 잘 섞는다.

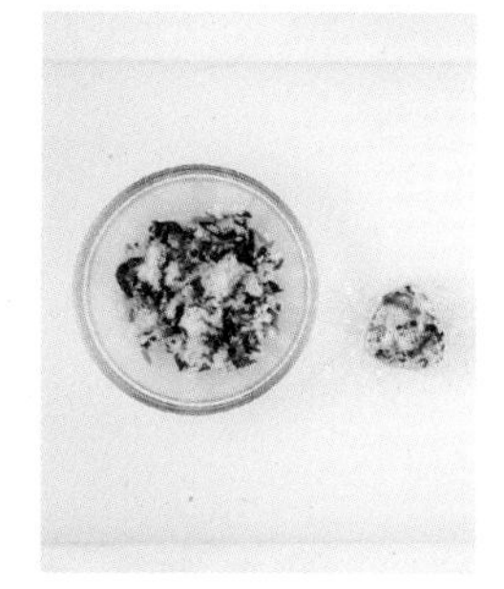

5
한 김 식힌 취나물밥을
한 덩이 덜어 원하는 모양으로
만들어 꼭꼭 뭉친다.

tips

삼각김밥 틀에 랩을 깔고 취나물밥을 담은 뒤 뚜껑을 닫고 꼭꼭
눌러 뭉쳐도 된다.

정성이 가득 담긴 장어구이 초밥. 달콤 짭조름하게 조린 장어구이가 맛의 비결!

장어초밥

재료 2인분

밥 2공기
식초 2큰술
설탕 1큰술
소금 조금

김밥용 김 반 장
생강 채 1큰술

장어조림 장어 1마리, 간장·청주 1/2컵씩, 물(장어뼈 국물) 2/3컵, 설탕·물엿 2큰술씩, 저민 생강 1큰술

1
장어는 반으로 잘라 석쇠나 에어프라이어에 굽는다. 석쇠에 구울 때는 껍질 쪽부터 구워야 오그라들지 않는다.

2
냄비에 장어 조림장 재료를 넣고 바글바글 끓여 조림장을 만든다.

3
애벌 구운 장어를 다시 석쇠에 올리고 조림장을 서너 번 발라 가며 굽는다. 껍질 쪽부터 굽고 뒤집어서 구워 2cm 정도로 자른다.

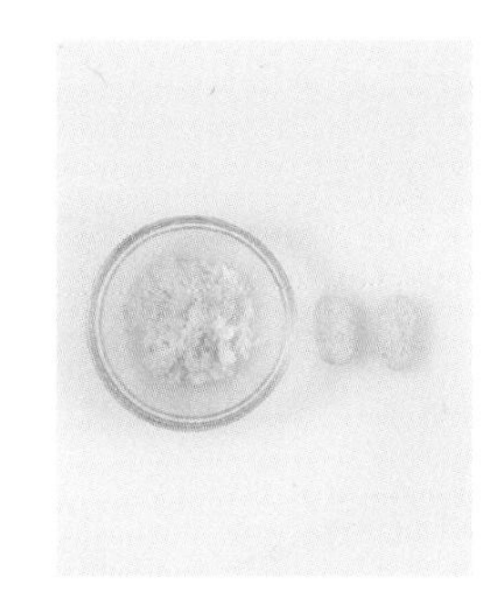

4
따뜻한 밥에 설탕이 녹을 정도로 데운 배합초를 넣고 섞은 뒤 밥을 조금 떼어 한입 크기로 길쭉하게 뭉친다.

5
뭉친 초밥에 구운 장어를 얹고 생강 채를 올린 다음 구운 김을 1cm 폭으로 길쭉하게 잘라 띠를 두른다.

tips

장어는 애벌 구워서 조리면 살이 더욱 찰지고 맛있다. 석쇠가 없다면 에어프라이어에 철망으로 눌러서 구워도 된다.

시간 없을 때 뚝딱 만들기 좋은 주먹밥. 입맛 따라 골라 만드는 재미가 있다.

후리가케 주먹밥

재료 2인분

밥 2공기
참기름 1큰술
소금 조금
후리가케 10g
파래김 1/2장
통깨 조금

1
고슬고슬하게 지은 밥에 참기름과 소금을 넣고 고루 섞는다.

2
마른 파래김은 구워서 손으로 찢거나 비닐봉지에 넣어 부순다.

3
밑간한 밥에 후리가케와 통깨, 파래김을 넣어 잘 섞어준다.

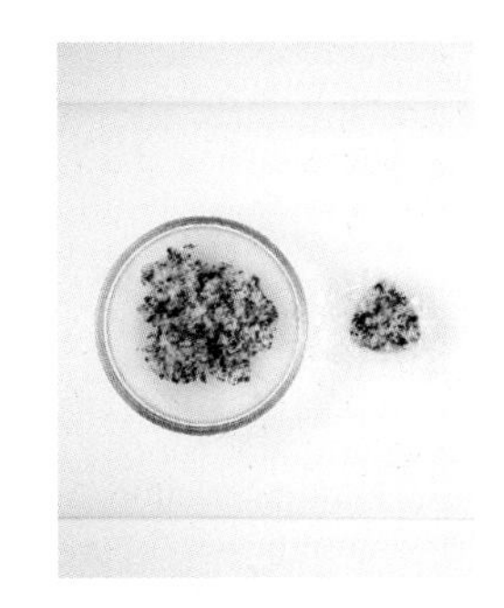

4
삼각김밥 틀에 랩을 깔고 밥을 담은 다음 뚜껑을 닫고 꾹꾹 눌러 잘 뭉쳐지게 한다. 틀에서 빼낸 뒤 한 번 모양을 잡고 랩을 벗긴다.

tips

시판용 후리가케는 야채 맛, 불고기 맛 등 여러 가지 맛이 있으니 기호에 따라 고르도록 한다.
황태, 단호박, 고구마, 당근, 파프리카, 시금치, 버섯 등을 식품 건조기로 말려 곱게 가루 내서 만들어도 된다.

후리가케로 양념한 밥을 각종 채소에 싸서 만드는 영양 만점 다이어트 주먹밥

쌈밥

재료 2인분

밥 2공기
참기름 2큰술
소금 조금
통깨 1작은술
후리가케 1큰술

깻잎 4장
상추 4장
양배추 잎 2장
쌈 다시마(10x10cm) 1장

볶음 고추장 다진 쇠고기 50g, 고추장 3큰술, 청주·잣 1큰술씩, 참기름 1/2큰술, 깨소금 1작은술, 물 1/3컵, 식용유 조금

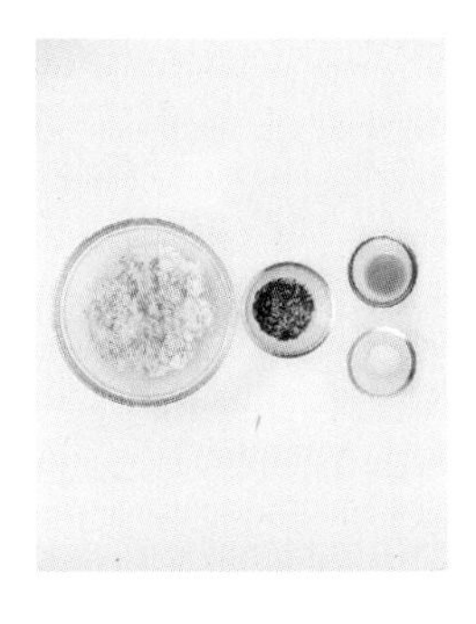

1
고슬고슬하게 지은 밥에 참기름과 소금, 통깨, 후리가케를 넣고 고루 섞는다.

2
깻잎과 상추는 흐르는 물에 씻어 물기를 턴다.

3
양배추는 깻잎과 비슷한 크기로 잘라 찜통에 살짝 찐다.

4
다시마는 물에 담가 소금기를 뺀 뒤 다른 채소와 비슷한 크기로 자른다.

5
달군 팬에 기름을 두르고 다진 쇠고기를 볶다가 고추장과 나머지 양념을 넣고 약불에서 저어가며 조려 볶음 고추장을 만든다.

6
준비한 쌈에 양념한 밥을 한 숟가락 정도 담고, 볶은 고추장을 위에 살짝 올린다.

김치볶음밥으로 전을 부쳐 맛을 더욱 업그레이드시킨 한입 밥

김치볶음밥전

재료 2인분

밥 1½공기

김치 1컵
양파 1/4개
청·홍 피망 1/4개씩
스팸 50g
모차렐라 치즈 50g

달걀 2개, 밀가루 3큰술
식용유 조금

1
고슬고슬하게 지은 밥을 준비한다. 찬밥을 살짝 데워도 좋다.

2
김치는 속을 털어낸 뒤 김칫국물을 꼭 짜내고 잘게 다진다.

3
양파와 청·홍피망, 스팸은 곱게 다진다.

4
달걀과 밀가루를 분량대로 넣어 골고루 섞어 반죽을 만든 다음 밥과 다진 채소, 모차렐라 치즈를 함께 넣어 섞는다.

5
달군 팬에 식용유를 두르고 반죽을 숟가락으로 떠서 올린 뒤 동글납작하게 모양을 만들어가며 노릇하게 지진다.

tips

김치볶음밥 남은 것이 있다면 그대로 반죽에 섞어 넣고 전을 부쳐도 좋다.

부담 없이 뚝딱 만들 수 있는 가성비 최고 요리. 노란 달걀말이가 식욕을 돋운다.

달걀 초밥

재료 2인분

밥 2공기
설탕 2큰술
식초 1큰술
소금 조금

김 반 장

달걀말이 달걀 5개, 맛술 1큰술, 설탕 1/2작은술, 소금 조금, 식용유 조금
소스 간장 1큰술, 고추냉이 약간, 물 1/2큰술

1
달걀은 알끈을 제거한 뒤 소금, 맛술, 설탕을 넣고 곱게 풀어 체에 거른다.

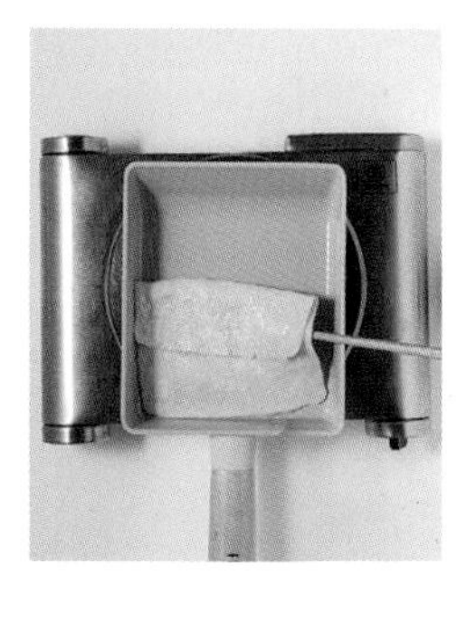

2
달군 팬에 식용유를 두르고 종이타월로 닦아낸 뒤 약불로 줄여 달걀지단을 부친다. 먼저 달걀물을 반만 붓고 윗면이 반쯤 익으면 돌돌 말아 부친다.

3
달걀을 한쪽으로 몰고 다시 식용유를 묻힌 다음 나머지 달걀물을 붓고 마저 말아 부쳐 도톰한 달걀말이를 만든다.

4
달걀말이는 김발로 감싸서 모양을 잡은 다음 식혀서 0.5cm 두께로 썬다. 김을 1cm 폭으로 잘라 김 띠를 준비한다.

5
고슬고슬하게 지은 밥에 배합초를 넣고 고루 섞은 뒤 밥을 조금 떼어 한입 크기로 길쭉하게 뭉친다.

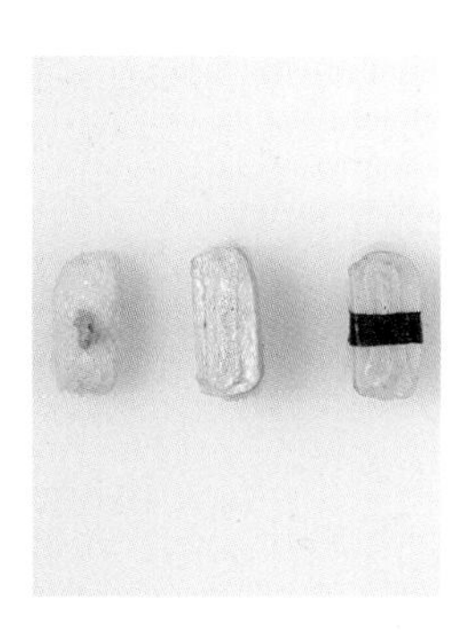

6
뭉친 초밥에 고추냉이를 바르고 썰어 놓은 달걀말이를 얹은 다음 김 띠를 두른다.

볶음밥과 토마토의 색다른 조합! 피크닉, 홈파티 어디에 내놓아도 손색없는 메뉴

스터프드 토마토

재료 2인분

밥 1½공기
청·홍 피망 1/3개씩
노란 파프리카 1/3개
소금 조금
식용유 2큰술
토마토(작은 것) 4개
슬라이스 치즈 1장

1
토마토는 잘 익은 것으로 준비해 꼭지가 달린 쪽을 잘라내고 조심스럽게 속을 파낸다.

2
피망과 파프리카는 반 갈라 씨와 속을 제거해 잘게 다진다.

3
달군 팬에 기름을 두르고 다진 채소를 볶는다. 여기에 밥을 넣고 고슬하게 볶으면서 소금으로 간한다.

4
토마토 속에 밥을 채우고 슬라이스 치즈를 올려 전자레인지에 1분 정도 돌린다. 치즈가 녹으면 꺼내서 꼭지 부분을 뚜껑으로 덮어 장식한다.

tips

'스터프드(stuffed)'는 '속에 채워 넣는다'는 뜻으로, 토마토 대신 피망, 단호박, 삶은 달걀 등의 속을 파내고 다른 재료를 채워 만들 수 있다.
전자레인지 대신 200℃로 예열시킨 오븐이나 에어프라이어에 10분 정도 구워도 좋다

갖은양념을 해서 맛있게 구운 떡갈비를 초밥 위에 올려 한입에 쏙~

떡갈비 주먹밥

재료 2인분

밥 2공기
참기름 1큰술
소금 조금

김 1/2장

떡갈비 다진 쇠고기 200g, 다진 양파 2큰술, 간장·다진 파·참기름 1큰술씩, 청주·설탕 1/2큰술씩, 다진 마늘·깨소금 1작은술씩, 소금·후춧가루 조금씩, 식용유 적당량

1
다진 쇠고기와 다진 양파, 나머지 떡갈비 양념을 모두 넣고 여러 번 주물러 섞는다.

2
여러 번 치대서 끈기가 생기면 3×4cm 크기로 납작하고 네모지게 모양을 빚는다.

3
달군 팬에 식용유를 두르고 네모지게 빚은 고기를 앞뒤로 굽는다.

4
고슬고슬하게 지은 밥을 참기름과 소금으로 양념한 뒤 3×4cm 크기, 1cm 두께로 납작하고 단단하게 뭉친다.

5
밥 위에 떡갈비를 올리고 김을 1.5cm 폭으로 잘라 띠를 두른다.

tips

떡갈비로 모양을 빚어 초밥처럼 밥 위에 올려도 되고, 다져서 밥 속에 넣고 뭉쳐서 주먹밥을 만들어도 좋다.

의외로 만들기 쉬운 별식. 입맛 없을 때 식사 대용으로 훌륭하다.

약밥

재료 2인분

찹쌀 3컵

대추 10알
깐 밤 8개
잣 1큰술

약밥 양념 흑설탕(황설탕) 1/2컵, 간장 4큰술, 참기름 3큰술, 꿀·계핏가루 조금씩, 물 2컵

1
찹쌀은 씻어서 물에 3시간 정도 충분히 불린다.

2
대추는 씨를 제거해 굵직하게 다지고, 깐 밤은 6조각으로 썬다.

3
압력밥솥에 불린 찹쌀과 손질한 대추, 밤, 잣을 넣고 간장과 나머지 양념을 모두 넣은 다음 물을 붓고 밥을 짓는다.

4
밥이 다 되면 고루 섞어주면서 한 김 식힌다.

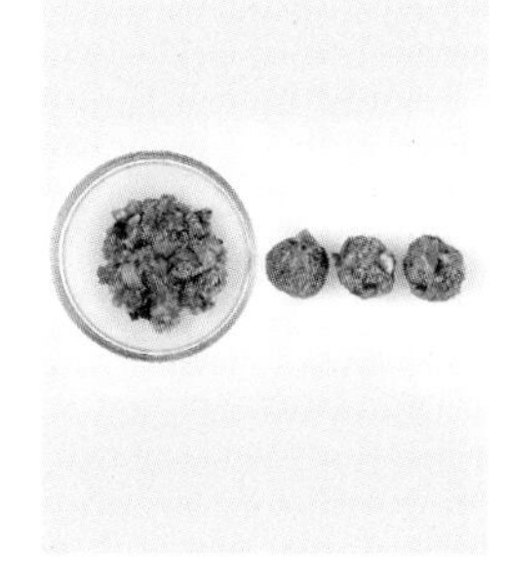

5
약밥이 조금 식으면 동글게 빚어 모양을 낸다.

tips

커다란 사각 틀에 얇게 펴서 굳힌 다음 먹기 좋은 크기로 썰어도 좋고, 여러 모양의 틀에 담아서 눌러 다양한 모양을 내도 좋다.

갖가지 재료로 속을 채워 맛도 최고, 만드는 정성도 최고!

오징어순대

재료 2인분

쌀밥 1공기
오징어 2마리(큰 것 1마리)

당근 1/4개
부추 3줄기
불린 당면 1/3컵
밀가루 2큰술

소 양념 간장·참기름 1큰술씩, 설탕·다진 마늘 1작은술씩, 소금·후춧가루 조금씩
연겨자 소스 연겨자·간장·설탕·식초·물 2작은술씩

1
오징어는 손질해서 씻은 뒤 몸통은 그대로 살리고 다리는 잘게 다진다.

2
당면은 따뜻한 물에 불려서 굵게 다지고 당근, 부추는 잘게 다진다.

3
다진 재료들과 쌀밥을 섞어 양념한 뒤 밀가루를 고루 섞어 소를 만든다.

4
오징어 몸통 속에 밀가루를 묻혀서 털어낸 다음 소를 채운다.

5
소를 단단히 채워 넣고 끝부분은 꼬치로 고정시키 뒤 찜통에 20분 정도 찐다. 한 김 식으면 1cm 폭으로 썬다.

tips

두부, 양파, 실파 등을 넣고 소를 만들어도 좋다. 썬 오징어순대에 달걀물을 입힌 뒤 오징어순대전을 만들어 먹어도 별미다.

카레볶음밥에 달걀물을 입혀서 지진 동그랑땡. 맛있게 먹다 보면 속이 든든해진다.

카레밥 동그랑땡

재료 2인분

밥 1½공기

햄 50g
당근 1/4개
애호박 1/4개
양파 1/4개
소금·식용유 조금씩

카레가루 2큰술
밀가루 1/4컵
달걀 2개
식용유 조금

1
햄, 당근, 애호박, 양파는 볶음밥에 넣을 수 있도록 곱게 다진다.

2
달군 팬에 식용유를 두르고 채소를 볶다가 밥을 넣고 소금 간을 해서 볶는다.

3
카레가루를 넣고 좀 더 볶은 뒤 한 김 식혀서 동글납작하게 모양을 빚는다.

4
동그랗게 빚은 동그랑땡에 밀가루를 털어내듯이 묻히고 달걀 푼 물을 입힌다.

5
달군 팬에 식용유를 두르고 앞뒤로 노릇하게 지진다.

tips

동그랑땡 반죽에 밀가루를 묻혀야 반죽이 흐트러지지 않고 달걀 물도 잘 입혀진다.

양념 밥에 김치볶음, 참치마요, 달걀프라이… 영양을 꼭꼭 눌러 담은 한 끼

봉구스 밥버거

재료 2인분

밥 2공기
김가루(조미김) 1/2컵
참기름 1큰술
통깨·소금 조금씩
슬라이스 단무지 2쪽(15g)

김치볶음 김치 1컵, 설탕 1/2큰술, 식용유 조금
참치마요 참치통조림 150g(1캔), 마요네즈 2큰술
달걀프라이 달걀 2개, 소금 조금, 식용유 조금

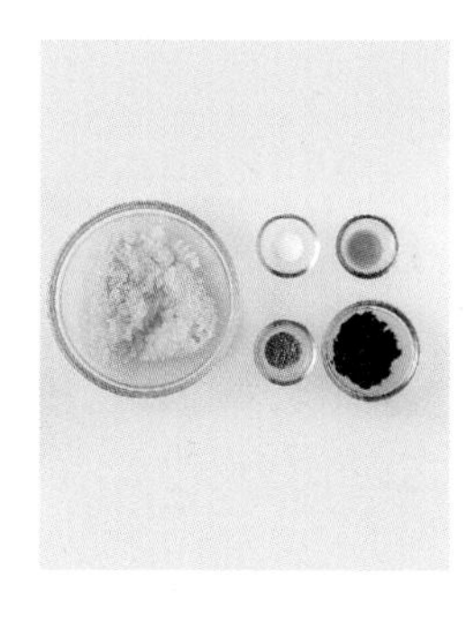

1
고슬고슬하게 지은 밥에 김가루, 참기름, 통깨, 소금을 넣고 고루 섞는다.

2
참치통조림은 체에 밭쳐 물기를 빼고 마요네즈를 넣어 버무린다.

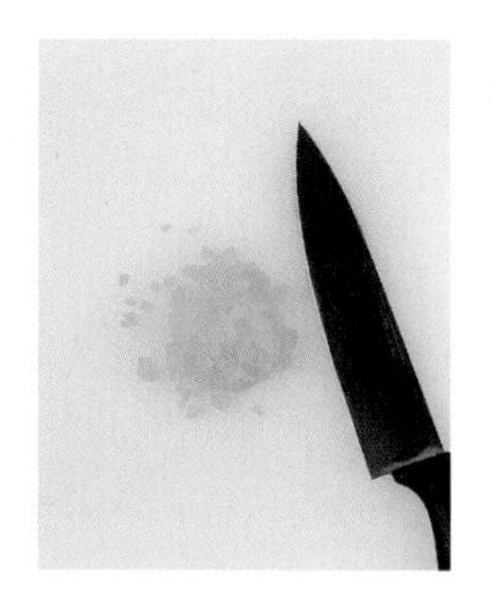

3
단무지는 얇은 슬라이스 그대로 넣거나 다져서 준비한다.

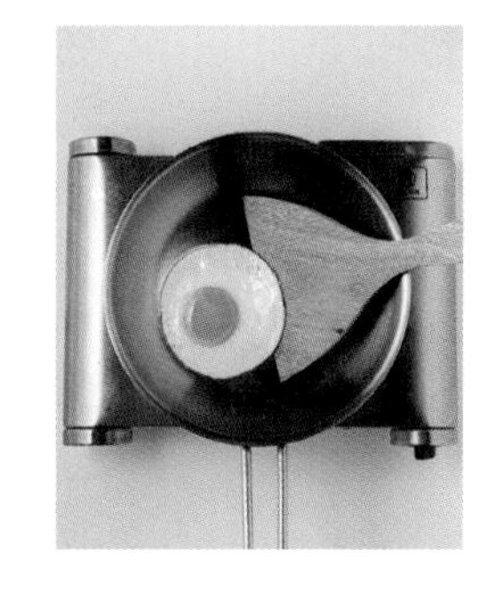

4
달걀은 소금을 살짝 뿌리고 동그랗게 프라이를 해서 준비한다.

5
김치는 소를 털어내고 1cm 정도로 송송 썰어 김칫국물을 꼭 짠다. 기름 두른 팬에 설탕 조금을 넣고 볶는다.

6
원형 밥 틀에 랩을 넉넉히 깐 뒤 밥-단무지-김치-참치-달걀프라이-밥 순서로 넣고 눌러 모양을 잡는다.

고추장불고기와 콩나물이 들어간 전주비빔밥의 편의점 삼각김밥 버전.

전주비빔밥 삼각김밥

재료 2인분

밥 2공기
고추장·참기름 2큰술씩
통깨 조금

당근 1/4개
콩나물 1줌
김밥용 김 1장

돼지 고추장불고기 돼지고기(불고깃감) 100g, 고추장 1큰술, 설탕·청주·참기름 1작은술씩, 소금·후춧가루 조금씩, 식용유 1큰술

1
고슬고슬하게 지은 밥에 참기름, 고추장, 통깨를 넣고 섞어 비빔밥을 만든다.

2
당근은 다져서 볶고 콩나물은 삶아서 적당히 썬 다음 고추장 밥과 함께 섞는다.

3
돼지고기는 잘게 썰어 양념한 뒤 달군 팬에 식용유를 조금 두르고 볶는다.

4
삼각김밥 틀에 랩을 펴고 밥-돼지고기볶음-밥 순서로 올린 다음 뚜껑을 닫고 꾹꾹 눌러 잘 뭉쳐지게 한다.

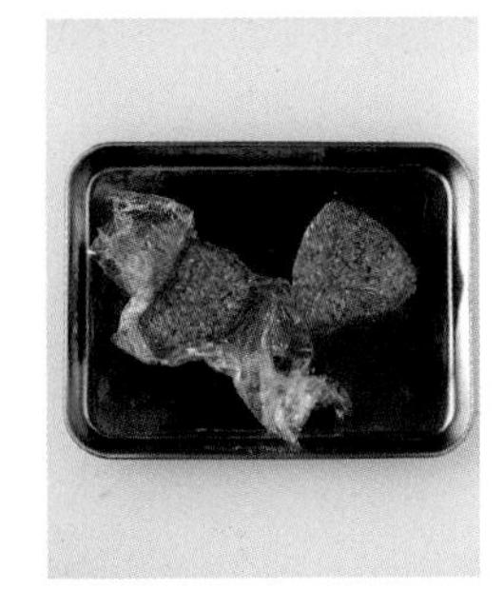

5
틀에서 빼낸 뒤 손으로 한 번 더 삼각 모양을 잡고 랩을 벗긴다.

tips

삼각김밥 전체를 김으로 감싸도 좋고, 2cm 폭으로 짧게 잘라 붙여도 보기에 좋다.

윤기 흐르는 흰밥과 고소한 스팸의 조합은 진리! 달걀과 치즈까지…

무스비 주먹밥

재료 2인분

밥 2공기
참기름 1큰술
소금 조금씩

스팸 200g
슬라이스 체더치즈 4장
김밥용 김 1/2장

달걀지단 달걀 4개, 맛술 2작은술, 소금 조금, 식용유 조금

1
고슬고슬하게 지은 밥에 참기름과 소금을 넣고 고루 섞는다.

2
스팸은 0.5cm~0.8cm 두께로 슬라이스 해서 팬에 노릇하게 지진다.

3
달걀은 맛술, 소금으로 간해서 기름 두른 팬에 접어가며 지단을 부친다. 스팸과 같은 폭이 되도록 부쳐서 2등분해 4개를 만든다.

4
슬라이스 체더치즈는 비닐을 벗겨 반 접어놓는다.

5
무스비 틀에 밑간한 밥을 담아 꼭꼭 누른 뒤 위에 치즈-달걀지단-스팸 순서로 올리고 다시 꼭꼭 누르고 틀에서 뺀다.

6
김을 1.5cm 폭으로 길게 잘라 무스비 주먹밥을 감싼다.

part 3

유부초밥

유부에 양념한 밥이나 각종 재료를 넣고 맛있는 유부초밥을 만들 수 있다. 유부초밥 위에 참치, 장어, 연어, 아보카도 등 다양한 재료를 올린 토핑 유부초밥으로 즐겨도 좋다.

잘게 썬 우엉·당근조림을 초밥과 함께 섞어 유부의 속을 채우면 맛도 영양도 최고!

우엉 당근 유부초밥

재료 2인분

밥 2공기
식초 2큰술
설탕 1큰술
소금 조금

조미 유부 12장(사각 또는 삼각)
검은깨 조금

우엉·당근조림 우엉 50g(1큰술), 당근 50g(1큰술), 간장·설탕·청주 1큰술씩, 다시마국물 국물 1/3컵

1
삼각 또는 사각 유부는 물기를 적당히 짜서 준비한다.

2
우엉, 당근은 밥알 크기 정도로 굵게 다져서 조림장에 조린다.

3
고슬고슬하게 지은 밥에 설탕이 녹을 정도로 데운 배합초를 넣고 고루 섞는다.

4
준비한 초밥에 조린 우엉과 당근, 검은깨를 넣고 고루 섞는다.

5
유부의 속을 벌리고 초밥을 꼭꼭 눌러 채워 넣는다.

tips

배합초 대신 조미 유부에 함께 포장된 초밥 소스를 사용해도 좋다. 간이 되지 않은 냉동 사각 유부는 끓는 물에 데쳐서 가쯔오부시 국물, 간장, 설탕, 청주에 조려서 사용해야 맛있다.

명란젓을 마요네즈로 버무려 토핑한 유부초밥. 짭짤하고 고소한 맛이 일품!

명란마요 유부초밥

재료 2인분

밥 2공기
식초 2큰술
설탕 1큰술
소금 조금

조미 유부(큰 것) 8장
송송 썬 실파 조금

명란 마요 명란젓 80g, 마요네즈 2큰술, 맛술 1작은술

1
유부는 물기를 적당히 짜서 준비한다.

2
명란젓은 껍질을 벗겨내고 알만 꺼내서 마요네즈와 맛술로 버무린다.

3
고슬고슬하게 지은 밥에 설탕이 녹을 정도로 데운 배합초를 넣고 고루 섞는다.

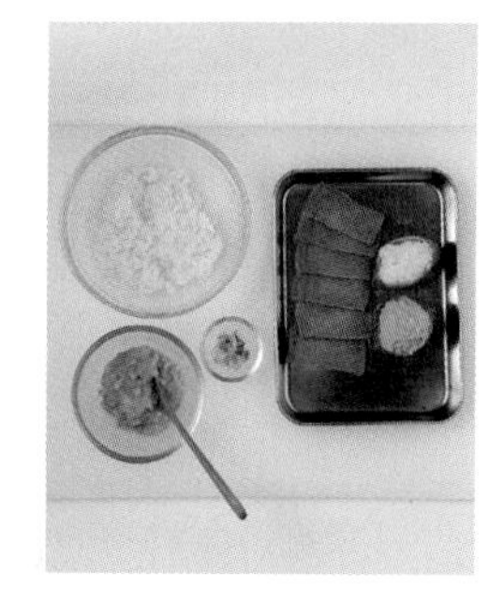

4
유부의 속을 벌리고 초밥을 2/3 정도 채워 넣은 다음 마요네즈에 버무린 명란젓으로 토핑하고 송송 썬 실파로 장식한다.

tips

명란젓 대신 청어알젓이나 연어알 간장절임으로 토핑해도 좋다. 청어알젓은 특유의 톡톡 터지는 식감이 매력 있고, 연어알 간장절임은 좀 더 고급스러운 느낌이 난다.

부드러운 닭다리살과 마요 소스의 조화. 고추냉이를 섞어 맛이 깔끔하다.

치킨마요 유부초밥

재료 2인분

밥 2공기
식초 2큰술
설탕 1큰술
소금 조금

조미 유부(큰 것) 8장
송송 썬 실파 조금

치킨마요 닭다리살 100g, 청주 1큰술, 물 1컵, 마요네즈 2큰술, 고추냉이 조금

1
유부는 물기를 적당히 짜서 준비한다.

2
닭다리살은 청주에 재웠다가 물을 자작하게 붓고 충분히 익혀 식힌다.

3
삶은 닭다리살을 잘게 자른 뒤 마요네즈와 고추냉이에 버무린다.

4
고슬고슬하게 지은 밥에 설탕이 녹을 정도로 데운 배합초를 넣고 고루 섞는다.

5
유부의 속을 벌리고 초밥을 2/3 정도 채워 넣은 다음 마요네즈에 버무린 닭다리살로 토핑하고 송송 썬 실파로 장식한다.

tips

닭고기를 직접 삶아 준비하기가 번거롭다면 닭가슴살 통조림을 이용한다. 고추냉이는 기호에 따라 가감한다.

김치볶음밥의 맛깔스러운 변신! 잘게 썬 김치와 스팸을 볶아 유부초밥에 올렸다.

스팸 김치볶음 유부초밥

재료 2인분

밥 2공기
식초 2큰술
설탕 1큰술
소금 조금

조미 유부(큰 것) 8장

스팸 김치볶음 김치 1/2 컵, 스팸 50g, 양파 1/6개, 버터 1/2큰술

1
유부는 물기를 적당히 짜서 준비한다.

2
김치는 속을 털어내고 국물을 꼭 짜서 잘게 다진다.

3
양파는 잘게 다지고 스팸은 1cm 크기로 잘게 썬다.

4
달군 팬에 버터를 두르고 김치와 양파를 볶다가 스팸을 넣고 좀 더 볶는다.

5
고슬고슬하게 지은 밥에 설탕이 녹을 정도로 데운 배합초를 넣고 고루 섞는다.

6
유부의 속을 벌리고 초밥을 2/3 정도 채워 넣은 다음 스팸 김치볶음으로 토핑한다.

하와이식 회무침, 연어 포케로 토핑한 유부초밥. 오리엔탈 드레싱이 재료의 맛을 살려준다.

연어 포케 유부초밥

재료 2인분

밥 2공기
식초 2큰술
설탕 1큰술
소금 조금

조미 유부(큰 것) 8장
연어 100g
아보카도 1/2개
양파 1/8개

연어 포케 양념 간장 1큰술, 올리브오일 3큰술, 설탕 1작은술, 레몬즙 2작은술, 후춧가루 조금

1
유부는 물기를 적당히 짜서 준비한다.

2
연어는 사방 1cm 크기의 주사위 모양으로 썬다. 양파는 굵게 다져서 물에 담가 매운맛을 빼고 물기를 제거한다.

3
아보카도는 반 갈라 씨를 빼고 껍질을 벗겨 0.3cm 두께로 저며서 다시 잘게 썬다.

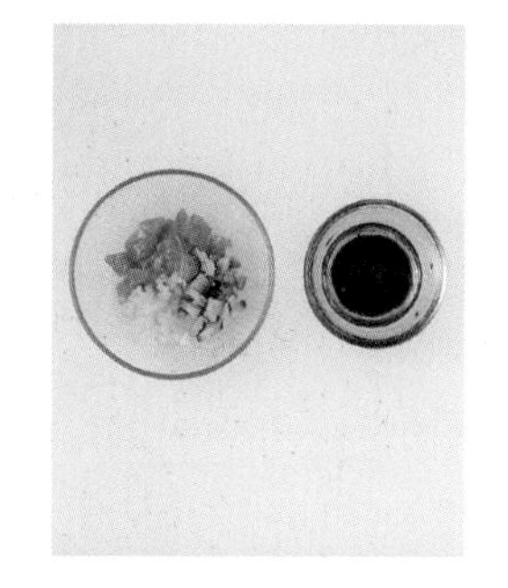

4
연어, 아보카도, 다진 양파를 한데 섞고 연어 포케 양념을 숟가락으로 살살 버무린다.

5
고슬고슬하게 지은 밥에 설탕이 녹을 정도로 데운 배합초를 넣고 고루 섞는다.

6
유부의 속을 벌리고 초밥을 2/3 정도 채워 넣은 다음 양념에 버무린 연어 포케로 토핑한다.

간간 짭조름한 장어구이를 잘게 썰어 올렸다. 입맛도 건강도 살리는 메뉴

장어구이 유부초밥

재료 2인분

밥 2공기
식초 2큰술
설탕 1큰술
소금 조금
조미 유부(큰 것) 8장
장어구이 100g
송송 썬 실파 조금
고추냉이 조금

1
유부는 물기를 적당히 짜서 준비한다.

2
장어구이는 0.5~1cm 폭으로 잘게 썰고, 실파는 송송 썬다

3
고슬고슬하게 지은 밥에 설탕이 녹을 정도로 데운 배합초를 넣고 고루 섞는다.

4
유부의 속을 벌리고 초밥을 2/3 정도 채워 넣은 다음 장어구이로 토핑한다.
그 위에 고추냉이와 송송 썬 실파를 올린다.

tips 장어구이 만드는 법

장어 1마리
조림장 (간장 1/2컵, 장어뼈 국물 2/3컵, 청주 1/2컵, 설탕 2큰술, 물엿 2큰술, 저민 생강 5쪽)

만드는 법

1 장어는 손질한 것으로 준비해 반으로 잘라 석쇠에 앞뒤로 굽는다.
2 냄비에 장어 조림장 재료를 넣고 바글바글 끓여 조림장을 만든다.
3 애벌 구운 장어를 다시 석쇠에 올리고 조림장을 서너 번 발라가며 굽는다.

소불고기를 토핑으로 올린 유부초밥. 파르메산 치즈가루가 맛을 더한다.

불고기 유부초밥

재료 2인분

밥 2공기
식초 2큰술
설탕 1큰술
소금 조금

조미 유부(큰 것) 8장
파르메산 치즈가루 조금
송송 썬 실파 조금

소불고기 쇠고기(불고깃감) 100g, 간장 1큰술, 설탕·청주 1작은술씩, 참기름 1작은술, 소금·후춧가루 조금씩

1
유부는 물기를 적당히 짜서 준비한다.

2
쇠고기는 불고깃감으로 준비해 간장, 설탕, 청주, 참기름, 소금, 후춧가루로 양념해 10분 정도 재워둔다.

3
팬을 달군 뒤 양념한 쇠고기를 센불에서 굽는다.

4
고슬고슬하게 지은 밥에 설탕이 녹을 정도로 데운 배합초를 넣고 고루 섞는다.

5
유부 속에 초밥을 2/3 정도 채워 넣고 쇠고기볶음으로 토핑한다. 그 위에 파르메산 치즈가루를 뿌리고 송송 썬 실파를 올린다.

tips

양념 불고기는 오븐이나 석쇠에 구워 불맛을 내도 좋다.

배합초로 맛을 낸 초밥에 참치마요를 봉긋이 올려 실파로 장식한 토핑 유부초밥

참치마요 유부초밥

재료 2인분

밥 2공기
식초 2큰술
설탕 1큰술
소금 조금

조미 유부(큰 것) 8장
송송 썬 실파 조금

참치마요 참치통조림 100g, 마요네즈 2큰술, 양파 1/8개

1
유부는 물기를 적당히 짜서 준비한다.

2
양파는 잘게 다져서 물기를 뺀다.

3
참치통조림은 체에 밭쳐 물기를 뺀 뒤 마요네즈와 다진 양파를 넣고 버무린다.

4
고슬고슬하게 지은 밥에 설탕이 녹을 정도로 데운 배합초를 넣고 고루 섞는다.

5
유부의 속을 벌리고 초밥을 2/3 정도 채워 넣은 다음 참치마요로 토핑하고 송송 썬 실파로 장식한다.

tips

참치통조림을 버무릴 때 머스터드나 고추냉이를 조금 섞으면 깔끔하고 감칠맛이 난다.

닭가슴살을 달착지근한 데리야키 소스에 조려 입에 착 붙는다.

닭가슴살 데리야키 유부초밥

재료 2인분

밥 2공기
식초 2큰술
설탕 1큰술
소금 조금

조미 유부(큰 것) 8장
닭가슴살 100g
청주 1큰술
물 1컵

데리야키 소스 간장·물 2큰술씩, 설탕·청주·맛술 1큰술씩, 고추냉이·마요네즈 조금씩

1
유부는 물기를 적당히 짜서 준비한다.

2
닭가슴살은 청주에 재웠다가 물을 자작하게 붓고 삶아 먹기 좋은 크기로 다진다.

3
데리야키 소스 재료를 모두 넣고 약한 불에서 조린다. 소스가 절반 정도로 줄어들면 익힌 닭가슴살을 넣고 조린다.

4
고슬고슬하게 지은 밥에 설탕이 녹을 정도로 데운 배합초를 넣고 고루 섞는다.

5
유부의 속을 벌리고 초밥을 2/3 정도 채워 넣은 다음 닭가슴살 데리야키로 토핑한다. 그 위에 고추냉이와 마요네즈를 조금 올린다.

tips

닭가슴살은 통째로 물에 삶아도 되고, 에어프라이어에 구워가며 양념을 발라 익혀도 된다. 시판하는 데리야키 소스를 이용하면 편리하다.

타코와사비 소스로 맛을 낸 낙지장을 소복이 올려 바다 내음이 느껴지는 유부초밥

낙지장 유부초밥

재료 2인분

밥 2공기
식초 2큰술
설탕 1큰술
소금 조금

조미 유부(큰 것) 8장
산낙지 100g
양파 1/8개
붉은 고추 1/2개
실파 조금

낙지장 양념(타코와사비 소스) 쯔유 1큰술, 청주·레몬즙 1작은술씩, 고추냉이 조금

1
유부는 물기를 적당히 짜서 준비한다.

2
양파와 붉은 고추는 곱게 다져서 찬물에 담가 매운맛을 뺀 뒤 물기를 제거한다. 실파는 송송 썬다.

3
낙지는 머리 부분의 내장을 떼어내고 다리 쪽의 입을 제거한 뒤 소금에 문질러 씻어 헹구고 잘게 다진다.

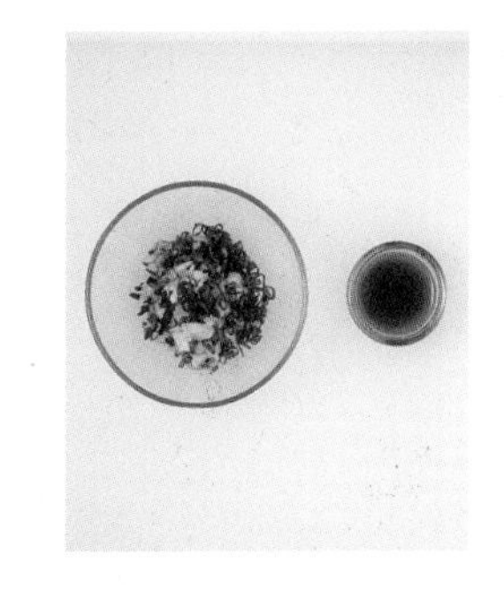

4
다진 낙지에 다진 양파와 고추, 실파 썬 것을 넣고 낙지장 양념과 함께 고루 잘 섞는다.

5
고슬고슬하게 지은 밥에 설탕이 녹을 정도로 데운 배합초를 넣고 고루 섞는다.

6
유부의 속을 벌리고 초밥을 2/3 정도채워 넣은 다음 양념에 버무린 낙지장으로 토핑한다.

매콤하게 양념한 제육볶음. 유부초밥 위에 소복이 올려 보기만 해도 먹음직스럽다.

제육볶음 유부초밥

재료 2인분

밥 2공기
식초 2큰술
설탕 1큰술
소금 조금

조미 유부(큰 것) 8장
고추냉이·마요네즈 조금씩
송송 썬 실파 조금

제육볶음 돼지고기(불고깃감) 100g, 고추장 1큰술, 고춧가루 1/2큰술, 설탕·청주·참기름 1작은술씩, 다진 생강·소금·후춧가루 조금씩

1
유부는 물기를 적당히 짜서 준비한다.

2
돼지고기는 얇게 썬 것으로 준비해 2cm 정도 폭으로 썬다.

3
제육볶음 양념을 잘 섞어 돼지고기를 넣고 버무린다. 간이 배면 팬에 바짝 굽는다.

4
고슬고슬하게 지은 밥에 설탕이 녹을 정도로 데운 배합초를 넣고 고루 섞는다.

5
유부의 속에 초밥을 2/3 정도 채워 넣고 제육볶음으로 토핑한다. 고추냉이와 마요네즈를 섞어서 그 위에 올리고 실파를 뿌린다.

tips

고추냉이와 마요네즈는 기호에 따라 빼도 된다. 돼지고기는 앞다리살이나 뒷다리살, 안심 중에서 불고깃감으로 준비한다.

찾아보기

김밥 | 주먹밥 | 유부초밥

지은이 | 지선아

사진 | 최해성
스타일링 | 박수빈

편집 | 김민주 홍다예 이희진
디자인 | 한송이
마케팅 | 장기봉 이진목 최혜수

인쇄 | HEP

펴낸이 | 이진희
펴낸곳 | (주)리스컴

초판 1쇄 | 2024년 5월 10일
초판 3쇄 | 2024년 7월 2일

주소 | 서울시 강남구 테헤란로87길 22, 7151호
전화번호 | 대표번호 02-540-5192
편집부 02-544-5194
FAX | 0504-479-4222
등록번호 | 제2-3348

ISBN 979-11-5616-323-7 13590
책값은 뒤표지에 있습니다.